工程造价人员必备工具书系列

U0172857

广联达算量应用宝典 —— 安装篇
（第二版）

广联达课程委员会　编

中国建筑工业出版社

图书在版编目（CIP）数据

广联达算量应用宝典．安装篇／广联达课程委员会
编．-- 2 版．-- 北京：中国建筑工业出版社，2024.3
（工程造价人员必备工具书系列）
ISBN 978-7-112-29705-4

Ⅰ．①广…　Ⅱ．①广…　Ⅲ．①建筑安装工程 - 计量
Ⅳ．① TU723.3

中国国家版本馆 CIP 数据核字（2024）第 062270 号

责任编辑：徐仲莉　王砾瑶
责任校对：赵　力

工程造价人员必备工具书系列
广联达算量应用宝典——安装篇（第二版）
广联达课程委员会　编

＊

中国建筑工业出版社出版、发行（北京海淀三里河路9号）
各地新华书店、建筑书店经销
北京光大印艺文化发展有限公司制版
北京同文印刷有限责任公司印刷

＊

开本：787毫米×1092毫米　1/16　印张：16½　字数：389千字
2024年3月第二版　　2024年3月第一次印刷
定价：**80.00**元
ISBN 978-7-112-29705-4
（42340）

广联达课程委员会

主 任 委 员：

   李建英

主　　编：

   梁丽萍　武翠艳　胡荣洁

副 主 编：

   韩　丹　董　海

编 委 成 员：

   石　莹　李　玺　张　丹　徐方姿

特约顾问：

   刘　谦　王　剑　只　飞

序 一

　　从事建筑行业信息化领域 20 余年，也见证了中国建筑业高速发展的 20 年，我深刻地认识到，这高速发展的 20 年是千千万万的建筑行业工作者，夜以继日用辛勤的汗水换取来的。同时，高速的发展也迫使建筑行业的从业者需要通过不断学习、不断提升来跟上整个行业的发展进程。在这里，我们对每一位辛勤的建筑行业的从业者致以崇高的敬意。

　　广联达也非常有幸地参与到建筑行业发展的浪潮之中，我们用了近 20 年时间推动造价行业从手算时代向电算化时代发展。犹记得电算化刚普及的时候，大量的从业者还不会使用计算机，我们要先手把手地教会客户使用计算机。如今，随着 BIM、云计算、大数据、物联网、移动互联网、人工智能等技术不断地深入行业，数字建筑已成为建筑业转型升级的发展方向。广联达通过数字建筑平台赋能行业各参与方，从过去服务于岗位为主的业务模式，转向服务于每个工程项目，深入更多的业务场景，服务更多的客户。让每一个工程项目成功，支持中国建筑业数字化转型成功。

　　数字建筑的转型升级同时会带动数字造价的行业发展，也将促进专业造价人员的职业发展。希望广联达工程造价系列丛书能够帮助更多的造价从业者进行技能的高效升级，在职业生涯中不断进步！

广联达高级副总裁　刘谦

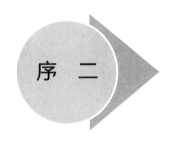

序 二

　　随着科技日新月异的发展以及建筑行业企业压力的增长，建筑行业转型迫在眉睫；为了更好地赋能行业转型，广联达公司内部也积极寻求转型，其中最为直接的体现就是产品从之前的买断式变为年费制、订阅式，与客户的关系也由买卖关系转变为伙伴关系。这一转型的背后要求我们无论是从产品上，还是服务上，都能为客户创造更多的价值。因此这几年除了产品的研发投入，公司在服务上也加大了投入。为了改善用户的咨询体验，我们花费大量的人力物力打造智能客服，24 小时为客户服务；为了方便客户学习，我们建立专业直播间，组建专业的讲师团队为客户生产丰富的线上课程……一切能为客户增值赋能的事情，广联达都在积极地探索和改变。

　　这套工程造价系列丛书由广联达与中国建筑工业出版社联合打造，目的是帮助广大建筑从业者加深对广联达软件的理解，从而更好地将软件应用于自身业务。书本的优势是知识讲解详细、全面，清晰的目录大纲带着读者一步步学习软件的操作。本套丛书可作为工作台上随手查阅的工具书，解决日常工作中遇到的软件应用问题。在边学习边应用的过程中，不断巩固自己的专业功底，提升自己的行业竞争力，从而应对建筑行业日新月异的变化。

　　谨以此书献给每一位辛勤的建筑行业从业者，祝愿每一位建筑行业从业者身体健康、工作顺利！

广联达副总裁　王剑

序　三

　　从事预算的第一步工作是算量,并且能够准确地算量。在科技发展日新月异、智能工具层出不穷的当下,一名优秀的预算员是要能够掌握一定的工具来快速、准确地算量。广联达算量软件是一款优秀的算量软件,学会运用这一工具去完成我们的工作,将会使我们事半功倍。这套工程造价系列丛书整合了造价业务和广联达算量软件的知识,按照用户使用产品的不同阶段,梳理出不同的知识点,不仅能够帮助用户快速、熟练、精准地使用软件,而且还给大家提供了解决问题及学习软件的思路和方法,帮助大家快速掌握算量软件,使大家更好地将软件应用于自身业务中!

广联达副总裁　只飞

前 言

怀揣梦想，继续前行

时光荏苒，已在广联达工作 20 多年。

回顾 20 多年的从业经历，从一名普通服务人员到公司的核心骨干，参与及主导数十个项目，为公司庞大的数字建筑信息化系统建设略尽了绵薄之力。感恩公司的信任，让我主导了内部员工成长体系及外部客户成长体系的搭建。这个经历让我不仅在内容架构方面有了很多沉淀，也让我有机会对系统建设建立了清晰、深刻、体系化的认知。2018 年起我担任广联达课程委员会项目总负责人，在此期间，我与 19 名资深的广联达服务人员一起，历经 5 年的时间开发了上百门课程，搭建了完善的造价人员课程体系。该体系覆盖用户已超 500 万人次，累计学习上亿次。这套课程体系的搭建让造价人员的成长周期至少缩短一年的时间，得到了广大业内人士的好评。

2019 年我们开始专业书籍的编写与出版，迄今为止已完成第一套系列丛书。这套丛书包括《工程造价人员必备工具书系列》分册 3 本，二级注册造价工程师考证类分册 3 本，累计销量近 10 万册，并于 2022 年被评为中国建筑工业出版社优秀图书一等奖。这些书都成为造价人员从业必备参考书。因此有很多用户纷纷来信询问能否每个专业都出一本像土建、安装这样的辅导书，这也是我的夙愿。从事服务业务这么多年，一直希望能够把建筑领域的知识做一个体系化沉淀，帮助更多用户系统性地学习。

在这个知识爆炸的时代，信息从不缺乏，计算机、手机中虽然存放了太多的学习资料，却经常让我们迷失方向，只有系统化地学习，才能实现真正的成长。所以系统的课程和高品质的书籍是让我们少走弯路的工具。从 2019 年开始，我们策划了造价人员必备工具书系列，旨在帮助用户用好造价相关的软件工具，提高工作效率。

但我们并不止步于此。为了满足更多用户的需求，更好地帮助建筑从业者，我们决定策划第二系列书籍——建筑人员业务技能成长系列。此系列图书旨在帮助用户提高职业技能，快速掌握工作中的经验。我们发现了大量的专家，他们不仅经验丰富也善于输出，因此我们诚邀广大专业人士加入服务新干线平台，从内容使用者变成内容生产者，把多年的经验沉淀下来、传递出去。

在服务新干线生态体系中，我们一手搭建用户学习体系，另一手搭建用户成长体系，让每一个人都能从价值学习者转化为价值创造者。例如，我们可以成为答疑解惑的专家老师，可以申请为头条栏目的创作者，或者成为广联达课程委员会的签约作者或讲师，让每个人在建筑行业实现最大限度的价值。

　　再次诚邀广大专业人士加入服务新干线平台，做成长与贡献的合作者，我们一起携手前行，做建筑领域知识沉淀的架构者与输出者，为建筑人的成长贡献自己的一份绵薄之力。

广联达集团服务管理部　梁丽萍

目　录

第 1 篇

认识系列

系列介绍：认识系列适用于刚接触软件、不了解软件核心价值的用户；此阶段内容帮助用户快速了解软件及其能够解决的问题，达到想用软件的效果。

章节内容介绍：本系列主要帮助大家初步认识广联达安装计量软件。

第 1 章 认识广联达 BIM 安装计量

广联达科技股份有限公司（以下简称广联达），一家致力于为客户提供数字建筑全生命周期信息化解决方案，持续引领产业发展、推动社会进步，用科技让每一个工程项目成功的数字建筑平台服务商。

广联达 BIM 安装计量软件是针对民用建筑安装全专业研发的一款工程量计算软件，支持全专业 BIM 三维模式算量和手算模式算量，适用于所有电算化水平的安装造价和技术人员使用，兼容市场上各类电子版图纸的导入，包括 CAD 图纸、Revit 模型、PDF 图纸、图片等。通过智能化识别、可视化三维显示、专业化计算规则、灵活化的工程量统计、无缝化的计价导入，全面解决安装专业各阶段手工计算效率低、难度大等问题。

广联达 BIM 安装计量核心六大价值：

【全专业覆盖】给水排水、电气、消防、暖通、空调、工业管道等安装工程的全覆盖。

【智能化识别】智能识别构件、设备，准确度高，调整灵活。

【无缝化导入】CAD、PDF、MagiCAD、天正、照片均可导入。

【可视化三维】BIM 三维建模，图纸信息 360° 无死角排查。

【专业化规则】内置计算规则，计算过程透明，结果专业可靠。

【灵活化统计】实时计算，多维度统计结果，及时准确。

第2篇

玩转系列

系列介绍：玩转系列适用于已经了解软件价值，但还未上手使用软件的用户；此阶段内容可以帮助用户掌握标准建模的流程及构件的处理思路与原理，保证后期快速上手使用软件做工程。

章节内容介绍：本系列主要讲解软件做工程时整体处理的思路与流程，剖析软件算量的原理，让后期的建模提量做到心中有数。

第2章　软件整体处理思路与原理介绍

2.1　软件算量原理

目前安装计量软件主要是通过"建立三维模型"的方式进行工程量的统计，即使用软件的"识别"或者"绘制"功能将二维 CAD 图纸转化为三维模型。数量统计是根据生成模型的数量多少来统计，长度统计则是根据三维模型信息自动统计长度以及附属工程量，可以理解为有模型就有相应的工程量，所见即所得。

2.2　软件整体处理思路

对于软件的初学者，最重要的是先掌握软件的处理思路，思路清晰了才能更有条理地进行工程量的计算。软件的算量思路如图 2-1 所示。

图 2-1　算量思路

2.2.1　前期准备

前面介绍过软件中主要的算量原理是通过软件的识别类功能将二维 CAD 图纸转化为三维模型进行算量，所以前期准备就是将二维 CAD 图纸转化成三维模型前所做的准备工作，包括新建工程和图纸管理，保障后期快速准确地出量。

1. 新建工程

新建工程就是在安装计量软件中建立工程文件并录入工程相应信息，所以需要根据图纸在软件中进行工程新建。

2. 图纸预处理

软件算量过程中需要提取识别 CAD 图纸中的信息，为了保障从图纸中提取信息的准确性，需要在提取工程量之前对图纸进行预处理，如检查图纸比例、图纸分割定位等。

2.2.2　工程量计算

安装中的工程量计算主要是数量统计和长度统计。软件中，数量统计是通过软件相关功能读取 CAD 图纸中的各种图例标识快速建立模型后自动数个数；长度统计则是通过软件相关功能量取图纸中 CAD 图线，将其转化为对应的线缆、水管、风管等三维模型，通过三维模型参数信息准确计算出对应的工程量，如图 2-2 所示。

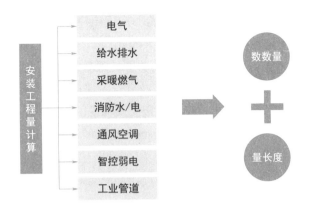

图 2-2 安装工程量计算

软件识别的先后顺序一般为：先数量后长度，先长度后相关附件，安装各专业顺序相同。采用上述识别顺序的原因是识别数量构件后，数量与长度存在标高差时软件可以自动生成立管，并自动统计工程量；先长度后相关附件，软件根据长度的属性可以自动判断附件的规格型号，从而大幅度提升算量效率。

2.2.3 报表提量

软件算量的特点是"所见即所得"，通过识别建立三维模型的同时，工程量也能自动统计，形成工程的结果文件，并且可以通过报表的形式显示。另外，也可以根据实际工程中不同的出量需求灵活提量（注：本章只是软件原理说明，具体功能使用方法会在本书后续内容中详细说明）。

2.3 软件界面介绍

熟悉软件操作界面，是快速上手软件操作的第一步。软件分为简约模式和经典模式两种，此处以经典模式的软件界面为例进行说明，如图 2-3 所示。

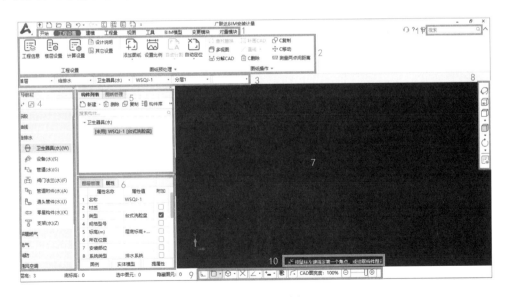

图 2-3 软件界面介绍

1. 菜单栏：按照建模流程设置，包括"开始""工程设置""建模""工程量""视图""工具""BIM 模型""变更模块""对量模块"九大部分。

2. 工具栏：提供各菜单栏对应的常用工具功能，菜单栏中每一个页签对应的工具栏的操作功能不同。工具栏中的功能按照算量流程及操作习惯排布，方便查找使用。

3. 楼层切换栏：用于建模过程中快速切换楼层及构件。

4. 模块导航栏：软件中所有构件均按照不同专业类型进行分组显示，切换至对应专业的构件即可进行后续建模操作。

5. 构件列表：显示当前构件类型下所有构件，如卫生器具类型下"台式洗脸盆""柱式洗脸盆""浴盆""地漏"等。

图纸管理：CAD 图纸导入软件及预处理后的信息在此处显示，包括图纸名称、比例、楼层、专业、楼层编号（分层）。

6. 属性列表：当前构件属性内容，比如台式洗脸盆的材质、规格型号、安装标高、位置等，可以根据图纸信息在属性列表中进行修改。

图层管理：导入 CAD 图纸后，可在此处进行 CAD 图层或 CAD 图元的显示及隐藏操作。

7. 绘图区：模型建立后在此处显示。

8. 视图显示框：用于快速切换模型二维及三维显示状态、图元及图元名称显示及隐藏状态等。

9. 状态栏：提供建模过程中的辅助功能，如点捕捉、操作提示等。

10. 提示栏：为用户在操作每一个功能时提供详细的操作步骤指导，是帮助用户用好软件的重要功能。

11. 功能搜索栏：找不到功能时可以在输入框中输入功能关键字，软件可以进行关键字联想并且快速定位到所需要使用的功能。

◆ 应用小贴士：

软件界面与默认界面不一致时的处理方法：恢复默认界面。

当发现经典模式下软件界面与当前介绍中界面不一致或部分模块显示缺失，可进入主菜单栏中"视图"→"用户界面"→"恢复默认界面"恢复完整的软件操作界面，或直接按"F4"［便携式计算机（又称笔记本电脑）为 FN+F4］快捷键恢复默认界面，如图 2-4 所示。

图 2-4　恢复默认界面

第 3 篇

高手系列

系列介绍：高手系列适用于有一定软件操作基础和工程处理思路的人群，能够使用软件进行简单的工程量计算，但不能灵活应用软件出量原理，面对复杂问题没有形成针对性的处理思路，导致无法独立完成完整工程和精准提量的造价人员。此阶段内容以实际工程算量流程为主线，帮助造价人员掌握安装各专业算量的功能、思路、应用技巧，深入了解软件设置、出量等原理，建立系统化思路，规范建模流程及标准，能够灵活应用软件处理各类工程，形成个人算量思路，达到快、精、准的软件应用效果。

章节内容介绍：软件计量的整个流程可划分为前期准备、工程量计算、报表提量三个阶段。安装计量各专业前期准备、报表提量的方法及思路相同，将分别在第 3 章、第 8 章讲解，不再区分专业。工程量计算内容将在本书第 4 章～第 7 章讲解，主要包括：第 4 章工程量计算—电气篇、第 5 章工程量计算—给水排水篇、第 6 章工程量计算—消防篇、第 7 章工程量计算—通风空调篇。

第3章　前期准备

本章主要讲解算量开始前的准备工作，包括新建工程、新建楼层以及图纸的预处理。

3.1　新建工程

双击软件图标后，进入软件开始界面，点击"新建"，开始工程的新建工作，如图 3-1 所示。

图 3-1　开始界面

进入新建工程操作界面后，根据图纸中的工程相关信息，在软件中进行对应的选择设置。

（1）工程名称：按照实际工程名称进行命名输入。

（2）工程专业：软件提供"给水排水""采暖燃气""电气""消防""通风空调""智控弱电""工业管道"七大专业，选择专业后软件能在导航栏提供更加精准的功能服务；软件默认"全部"专业，导航栏将显示全专业的功能；工程专业的选择对算量没有影响，按照个人操作习惯选择即可。

（3）计算规则：软件支持工程量清单项目设置规则（2008）、工程量清单项目设置规则

（2013）两种计算规则。选择计算规则不同，会影响计算设置和部分工程量计算结果，需要按照工程实际需求正确选择。

（4）清单库、定额库：可按照工程所在地区选择对应的清单库、定额库。清单库、定额库对算量结果无影响，但会影响套做法与材料价格的使用。

（5）模式选择：软件提供两种算量模式——简约模式和经典模式。两种模式的算量流程和思路略有差别，本书中所有专业操作流程及方法思路均以"经典模式：BIM 算量模式"为例进行演示讲解，选择"经典模式"，点击"创建工程"完成工程新建，如图 3-2 所示。

图 3-2　新建工程

3.2　新建楼层

软件通过将 CAD 图纸识别或者绘制的方式建立三维模型进行工程量计算，水平构件建模依据为平面图，竖向构件建模依据为系统图或者设备安装高度与水平管道间的高差。因此新建工程时需要设置竖向楼层层高以确保竖向构件工程量的准确性。楼层设置的具体操作步骤为：楼层设置→批量插入楼层→调整层高。

（1）进入菜单栏"工程设置"页签→选择工具栏"工程设置"→点击"楼层设置"，如图 3-3 所示。

图 3-3　楼层设置

（2）根据实际工程图纸信息进行楼层层数的设置：点击"批量插入楼层"或"插入楼层"新增楼层，点击"删除楼层"删除错误楼层，如图 3-4 所示。

图 3-4　楼层设置高度

　　楼层中软件默认存在首层和基础层，且不能删除。如不在对应楼层绘制构件，楼层高度对于该层工程量没有影响。"插入楼层"每次插入一层，"批量插入楼层"输入插入数量，可一次性插入多个楼层，例如标准层。首层和基础层也是建立地上、地下楼层的基准楼层，如需插入地上楼层，在"首层"行单击鼠标左键，再点击"插入楼层"即可插入地上楼层；如需插入地下楼层，在"基础层"行单击鼠标左键，再点击"插入楼层"即可插入地下楼层。

　　（3）调整层高：可调整首层底标高和各层层高，其他楼层底标高自动生成。

　　（4）新建楼层注意事项：楼层表中的"相同层数"，使用的前提条件为：工程中存在标准层，并且每一层的构件一模一样。若楼层间竖向管道发生变径等情况，即不符合完全相同的前提条件，不建议使用该功能。

3.3　图纸预处理

　　识别 CAD 图是软件建模算量的主要方式，CAD 图纸的预处理使用"图纸预处理"功能，具体操作步骤如下：选择工具栏"图纸预处理"→点击"添加图纸"→"设置比例"→"自动分割"/"手动分割"→"自动定位"/"手动定位"

　　（1）添加图纸：进入软件后，在"工程设置"→"图纸预处理"→"添加图纸"中找到图纸存放的文件夹，选择对应图纸添加至软件中，可以选择单张图纸，也可以批量选择多张图纸添加至软件中。若 CAD 图纸中存在多个视图，右侧预览图可以勾选需要导入的图纸，如图 3-5 所示。

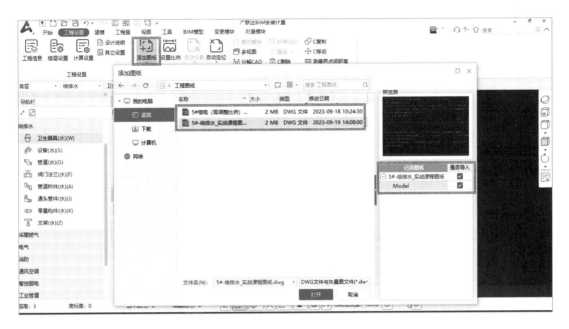

图 3-5　添加图纸

（2）设置比例：为避免因图纸比例不准确的问题对工程量准确性产生影响，导入图纸后，首先需要对图纸比例进行校核，可以对整图统一设置比例，也可以局部设置，具体操作步骤为：点击"工程设置"→"图纸预处理"→"设置比例"，如图 3-6 所示。

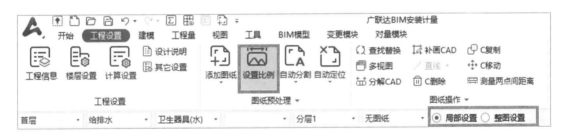

图 3-6　设置比例

1）按住鼠标左键拉框选择要修改比例的 CAD 图元，单击鼠标右键确认。

2）单击鼠标左键在 CAD 图上选择有尺寸标注的两点，例如两轴线间的距离。为了提升所选择点位置的准确性，可借助软件最下方状态提示栏中"交点"命令快速选择点，触发"交点"后按照状态栏操作提示操作即可。注意是选择相交的两条线捕获交点，交点捕捉如图 3-7 所示。

图 3-7　交点捕捉

3）尺寸输入弹窗中的尺寸与 CAD 底图标注尺寸一致，说明图纸比例没有问题；若尺寸与 CAD 底图标注尺寸不一致，则在弹窗中按照 CAD 底图标注尺寸输入，比例即设置完成。

（3）分割图纸：工程量统计时按照楼层分层统计，同时为了保障三维模型的完整性，图纸需要按照楼层分割。软件提供"自动分割"和"手动分割"两个功能，针对实际工程图纸合理搭配使用。"自动分割"具体操作步骤如下：切换"楼层编号模式"→"图纸预处理"→"自动分割"→确认分割图纸的模式→选择分割范围。

1）切换"楼层编号模式"：在图纸管理中切换至楼层编号模式，如图3-8所示。

图3-8　切换楼层编号模式

2）选择需要分割的图纸范围：图纸预处理，点击"自动分割"，选择"局部分割"，按住鼠标左键拉框选择需要分割的CAD图纸范围，例如框选平面图部分，如图3-9所示。

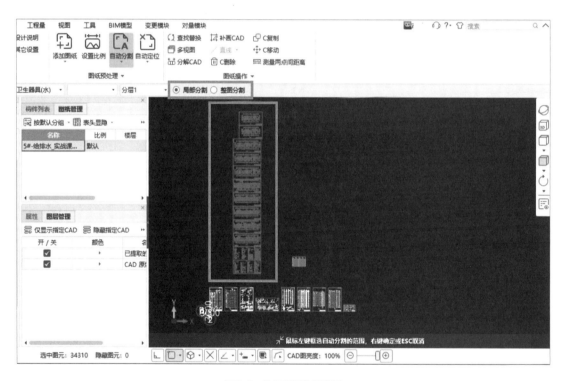

图3-9　选择图纸分割范围

3）检查确认：在"自动分割"弹窗中，检查分割后的图纸对应楼层、图纸类别的准确性，对应错误的可单击后手动调整，如图3-10所示。

图 3-10 自动分割确认

4）修改图纸类别：当自动对应的"图纸类别"错误时，可双击该单元格，在弹窗中修改为正确的图纸类别，如图 3-11 所示。

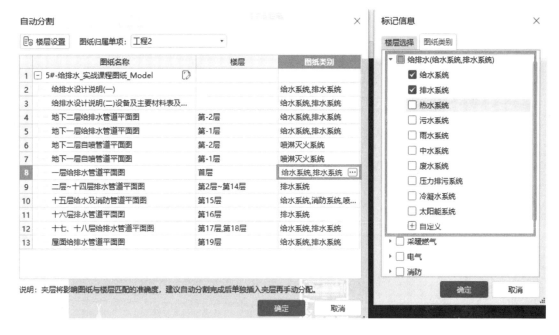

图 3-11 修改图纸类别

5）遇到匹配错误或未匹配的图纸类别时，修改后，将鼠标放置在单元格右下角呈黑色十字时，下拉复制，如图 3-12 所示。

图 3-12　图纸类别修改

6）分割完成：当图纸外围出现黄色边框，即表示该图纸已经被成功分割。

分割图纸注意事项：

①分割图纸时，对应楼层选择错误，可在图纸管理列表楼层中重新选择对应楼层。点击对应楼层单元格，自动锁定对应图纸，图纸外围红框显示。调整图纸则需要点击单元格三个点按钮，在弹窗中修改楼层，如图 3-13 所示。

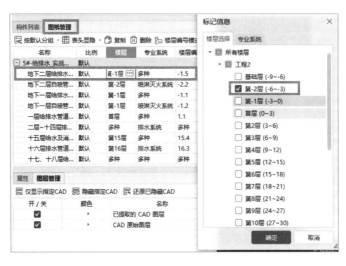

图 3-13　修改对应楼层

②双击"图纸管理"列表中的图纸名称，软件可自动切换至该图纸及其分配到的楼层。

③做工程的过程中发现有图纸没有分配，双击"图纸管理"原图名称，即可切换回整张图纸。

（4）图纸定位：图纸分割后，为了确保空间位置上下关系对应，需要进行图纸定位。图纸定位的原理是每张图纸中选择相同位置的点为定位点，软件提供"自动定位""手动定位"变更定位"的功能捕捉定位点。"自动定位"的具体操作步骤为：图纸预处理→点击"自动定位"→确定定位点。

1）"自动定位"：点击"自动定位"后，软件会自动捕获每张图纸相同位置的点作为定位点，在图纸上以红色 × 体现，如图 3-14 所示。

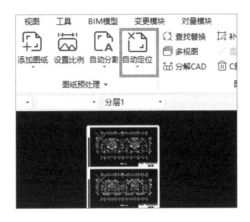

图 3-14　自动定位

2）"变更定位"：当"自动定位"确定的定位点位置不符合工程需求时，点击"变更定位"，按照提示栏提示操作修改定位点位置，如图 3-15 所示。

图 3-15　变更定位

◆ 应用小贴士：

自动分割 CAD 图纸时提供两种图纸分割模式：分层模式和楼层编号模式。工程中的电气专业图纸，通常以照明系统和动力系统分别绘制。鉴于图纸特点，以电气工程为例详细分析两种模式的应用场景和区别。

1. 分层模式

（1）分层模式的应用场景：工程模型既需要满足算量需求，又同时满足建模准确性和完整性以及各专业、各系统空间相对位置准确，并能够达到碰撞检查的要求。例如，电气工程归属于一个配电系统的照明回路和插座回路，但在照明图和动力图中分别绘制同一个配电箱，建模要求更符合工程现场实际空间位置关系，即照明图纸和插座图纸位置重叠，如图 3-16 所示。

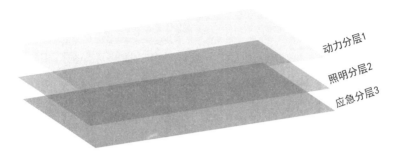

图 3-16 分层模式图纸空间位置关系

（2）分层模式的特点：模型更符合 BIM 建模要求，空间位置关系更贴合实际。

（3）分层模式需要注意的问题：构件在哪个分层识别 / 绘制，只在当前分层显示，电气工程不同系统图纸可对应不同分层，不同系统在不同分层识别；配电箱、桥架等构件为共用构件，在所有分层显示，只需在一个分层识别，无须重复识别。

2. 楼层编号模式

（1）当图纸分割完成后，"图纸管理"列表中图纸"楼层编号"自动生成。楼层编号模式下，同一楼层可以同时分配多张图纸（图 3-17）。楼层中同时显示所有分配到本层的图纸，从左至右依次排列。

名称	比例	楼层	专业系统	楼层编号
⊟ 5#楼电（需调...	默认			
基础接地平...	默认	基础层	防雷接地系统	0.1
地下二层照...	默认	第-2层	照明系统	-2.2
地下二层动...	默认	第-2层	动力系统	-2.3
地下一层照...	默认	第-1层	照明系统	-1.2
地下一层动...	默认	第-1层	动力系统	-1.3
一层照明平...	默认	首层	照明系统	1.2
一层配电平...	默认	首层	动力系统	1.3
二层~十五...	默认	多种	照明系统	多种
二层~十五...	默认	多种	动力系统	多种

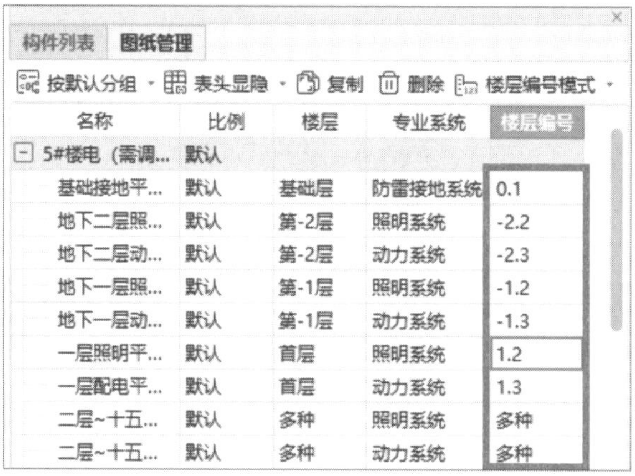

图 3-17 楼层编号

（2）楼层编号的格式：××.××，例如 1.1、1.2、2.1……

（3）楼层编号的含义："." 前数字表示图纸所在的楼层，"." 后的数字表示本张图纸是本楼层的第几张。图纸根据编号在本楼层中从左到右依次排列，例如首层照明平面图、首层插座平面图，图纸分割后，图纸编号为：1.1、1.2，在绘图区域的左侧为首层照明平面图，右侧为首层插座平面图。为保证实际工程中图纸上下楼层图纸对应关系的正确性，图纸分割完成后需检查楼层编号。

（4）已分割图纸在绘图区位置错误，可直接调整"图纸管理"列表中的"楼层编号"，双击图纸名称，图纸即可按照编号对应位置关系重置图纸位置，如图 3-18 所示。

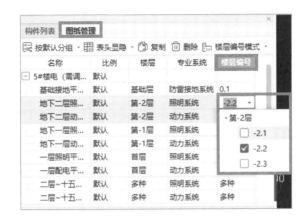

图 3-18　楼层编号调整

（5）楼层编号模式下模型特点：通过识别本层已分配 CAD 图纸建模，工程模型位置与图纸位置匹配。不同系统的模型依附于图纸位置，从左到右依次排列，相对独立，在绘图区域可以直观查看。

（6）楼层编号模式需要注意的问题：以电气工程为例，照明系统和动力系统中共同的配电箱、桥架等构件，在两张图纸上都需要建模，由此会产生工程量重复统计的问题，将在后面的章节中讲解解决方案，例如空调水系统和空调风系统设备算重的处理方法。

第4章 工程量计算—电气篇

本章内容为电气专业工程量计算。在电气专业工程量计算中，常用的强电系统分为动力配电系统、照明系统、防雷接地系统。本章内容从算量业务的视角为大家依次进行讲解，主要讲解各系统中工程量计算的思路、功能、注意事项及处理技巧。

4.1 动力配电系统工程量计算

动力配电系统需要计算的工程量如图 4-1 所示。

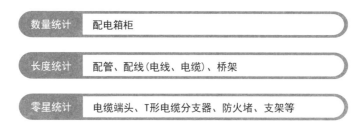

数量统计	配电箱柜
长度统计	配管、配线（电线、电缆）、桥架
零星统计	电缆端头、T形电缆分支器、防火堵、支架等

图 4-1 动力配电系统需要计算的工程量

动力配电系统工程量软件计算流程图，如图 4-2 所示。

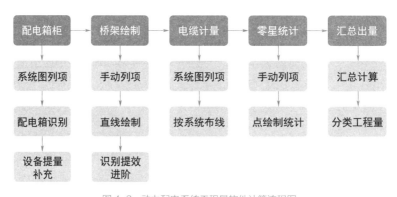

图 4-2 动力配电系统工程量软件计算流程图

4.1.1 配电箱柜的工程量统计

1. 业务分析

（1）计算规则依据

从《通用安装工程工程量计算规范》GB 50856—2013 可以看出，统计配电箱柜工程量时需要注意区分不同的配电箱名称编号、规格型号等按数量进行统计，如表 4-1 所示。

配电箱柜清单计算规则　　　　　　　　　　　　　　　　　表 4-1

项目编码	项目名称	项目特征	计量单位	工程量计算规则	工作内容
030404016	控制箱	1. 名称 2. 型号 3. 规格	台	按设计图示数量计算	1. 本体安装 2. 基础型钢制作、安装 3. 焊、压接线端子 4. 补刷（喷）油漆 5. 接地
030404017	配电箱	4. 基础形式、材质、规格 5. 接线端子材质、规格 6. 端子板外部接线材质、规格 7. 安装方式			

（2）分析图纸

一般统计数量需要参考主要设备材料表及平面图，从材料表中可以看到某一类配电箱的名称（如双电源配电箱）、图例信息（图 4-3），但型号规格及安装高度等信息一般需要在系统图中查看。

主要设备材料表

序号	图例	名称	型号及规格	备注
1	■■　■	照明、动力配电箱	见系统图	见系统图
2	◤	双电源配电箱	见系统图	见系统图
3	▢▢	空调电源开关箱	见系统图	明装，距地1.5m

图 4-3　主要设备材料表—配电箱示意图

在配电系统图中（图 4-4），可以确定对应动力电箱的回路信息、安装方式及参考箱柜尺寸等信息。

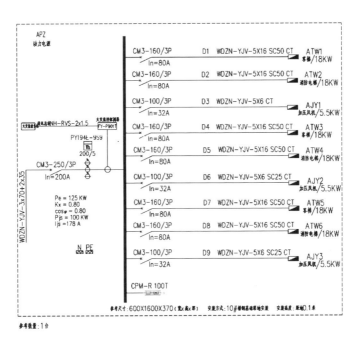

图 4-4　APZ 配电系统图

从平面图中（图 4-5）可以看到，即使是同图例示意的同类配电箱（APZ 和 ABZ），还需关注在其图形符号附近标注的参照代号（配电箱编号），才可最终确定对应编号的配电箱安装位置。综上所述，结合系统图、平面图即可得出对应箱柜的尺寸、线缆回路走向等信息。

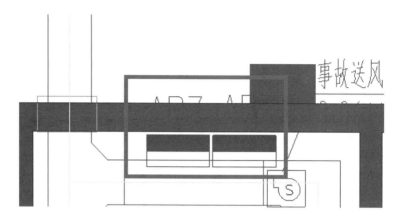

图 4-5   平面图中 APZ 配电箱和 ABZ 配电箱的图例相同，编号不同

◆ 应用小贴士：

关于常见的配电箱参照代号说明：建筑电气设计中 AL 表示照明配电箱（柜、屏），当设计人员要表示地下二层的第 13 个照明配电箱时，一般会采用参照代号 AL13B2、ALB213、+B2-AL13、-AL13+B2 这几种编号方式，同一项目工程中使用的代号编码方式是一致的，项目中也会对编号原则进行说明，通过配电箱编号也可以帮助算量人员快速定位到配电箱的大概位置。电气设备常用参照的字母代码如表 4-2 所示。

电气设备常用参照的字母代码表   表 4-2

设备、装置和元件名称	参照代号的字母代码	
	主类代码	含子类代码
35kV 开关柜		AH
20kV 开关柜		AJ
10kV 开关柜		AK
低压配电柜		AN
信号箱（柜、屏）		AS
电源自动切换箱（柜、屏）		AT
动力配电箱（柜、屏）	A	AP
应急动力配电箱（柜、屏）		APE
控制、操作箱（柜、屏）		AC
照明配电箱（柜、屏）		AL
应急照明配电箱（柜、屏）		ALE
电度表箱（柜、屏）		AW

2. 软件处理

（1）软件处理思路

软件处理思路整体与手算类似，主要分为列项→识别→检查→提量四步（图 4-6）。第一步先使用系统图功能进行快速列项，告诉软件需要计算哪些内容；第二步，通过"点"绘制或识别功能进行箱柜图元的快速布置，布置完成后的第三步："检查"可直接双击"构件列表"查看箱柜位置是否存在问题，第四步直接在下方的明细工程量中查看对应箱柜的工程量。

列项　　识别　　检查　　提量

图 4-6　软件处理通用流程示意图

（2）列项

由图纸分析可知，配电箱是由标识 + 图例进行设计示意的，配电箱柜所关注的箱柜尺寸信息需要结合图例表和系统图获取，主要信息集中在系统图中，因此想要便捷地对配电箱柜进行列项，建议采用"系统图"功能。

系统图：此功能通过对电气系统图的识别，包括对应的回路信息、导线规格型号，快速建立构件，形成配电系统树表关系（快捷键"*"）。

1）在此处主要进行配电箱柜的计量，所以注意导航栏要切换到电气专业下的"配电箱柜"，功能位置如图 4-7 所示。

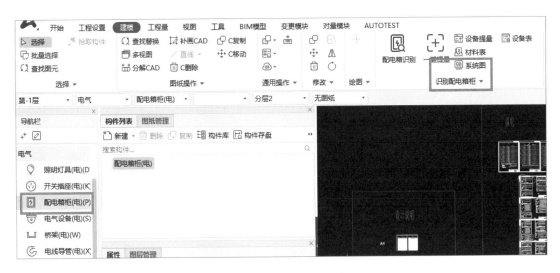

图 4-7　系统图功能位置示意

2）具体操作步骤为：在"建模"页签，工具栏识别配电箱柜功能包，单击鼠标左键触发"系统图"功能→单击鼠标左键触发"读系统图"（图 4-8）→框选需要读取的系统图（以 -AEZ 配电箱示例）→单击鼠标右键确定完成，如图 4-9 所示。

图 4-8 "系统图"功能窗体及"读系统图"功能位置

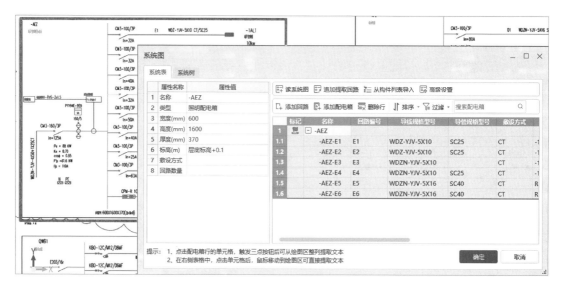

图 4-9 框选 -AEZ 配电箱的红框标记（图示蓝框）及提取系统图后的功能窗体

读取了 -AEZ 配电箱之后，接下来整体介绍系统图的功能界面：

①参考图 4-9，窗体界面左侧主要是配电箱属性展示区，提取或手动列项的配电箱名称、规格（宽度、高度、厚度）、安装高度等属性可在此处进行定义和修改。

②窗体左侧上方可以进行系统表和系统树的切换，实际使用时建议先把系统表理顺后再切换看系统树的逻辑关系。

③窗体右侧上半部分是系统图功能内的工具栏，主要展示可以使用的功能，如"读系统图"。

④窗体右侧下半部分是识别或列项的系统图回路信息等数据展示区，最下方的提示信

息区有两个提效小技巧的提示。

3）读系统图可同时框选多个系统图进行批量提取，操作时尽量框选包含配电箱标识、尺寸、安装高度等信息（图 4-10 为框选 -AEZ 配电箱系统图示意）。

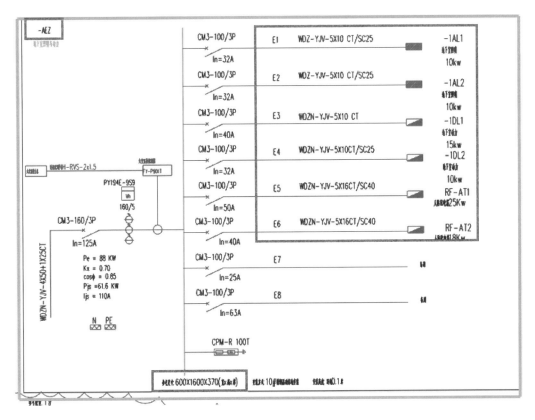

图 4-10　框选 -AEZ 配电箱系统图示意

4）提取后的系统图在绘图区会有红色的标记提示，红色标记框与框选操作范围一致，标记图为红色小旗状态，单击红色小旗（图 4-11）可以快速找到当前配电箱所标记的系统图位置。

图 4-11　系统图功能—红色标记

◆ 应用小贴士:

系统图功能的标记有红色和白色两种状态，用"读系统图"功能提取的配电箱会同步为红色标记，此时支持单击定位。如单击的是白色小旗（图 4-12），则会提示"当前配电箱系统图未做标记，可在绘图区手动框选标记"。

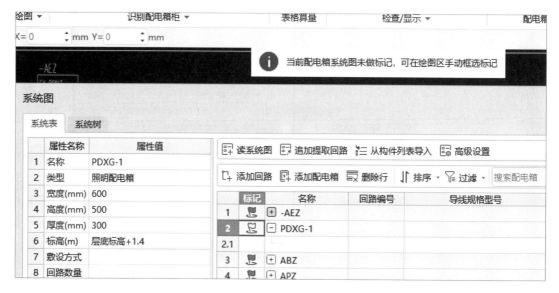

图 4-12 系统图白色小旗标记提示信息

重复上述"读系统图"操作步骤可完成动力配电箱列项，读取完成效果如图 4-13 所示。

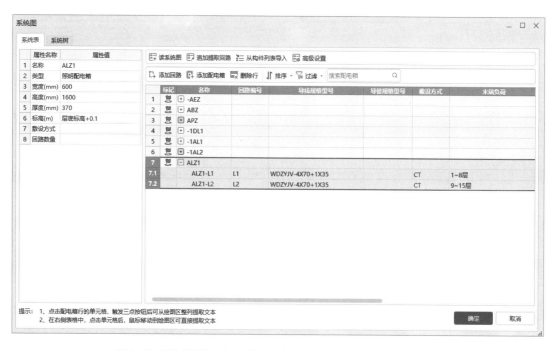

图 4-13 配电箱系统图读取后的示例（先后顺序以实际操作读取顺序为主）

注意：如果遇到"名称列"红色填充提示（图4-14），是因为名称是公有属性且相同类别下要保持唯一，当出现名称在列项时与系统表或构件列表中的构件重名，此时点击确定则会有红色填充及相关错误数量的提示信息，需要通过删除、改名等方式手动处理重名项的问题。部分错误可能在连续识别时被折叠起来，遇到时请记得展开检查，检查没有问题即可点击"确定"完成系统图的功能。

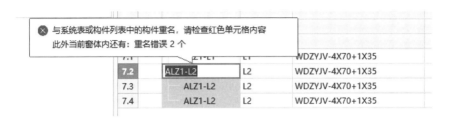

图4-14　红色的系统图功能内重名提示

5）掌握"读系统图"功能可以快速进行列项，遇到部分不方便读取的图纸，在"读系统图"功能下方有"添加回路""添加配电箱"两个主要用于手动列项的基础功能。

◆ 应用小贴士：

1. 在使用系统图列项时，主要目的在于梳理配电系统关系，遇到读取效果不理想的情况，可以使用配电箱行的三点按钮（图4-15）进行当前数据列的精准识别，快速辅助输入，具体可参考系统图功能下方提示信息1（图4-13）"点击配电箱行的单元格，触发三点按钮后可以从绘图区整列提取文本"。

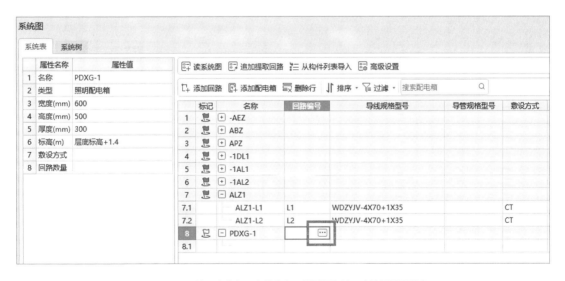

图4-15　系统图功能在配电箱节点可按列提取的三点按钮位置示意

2. 当前版本尚不支持类似如图4-16所示的低压配电系统图读取，遇到时可使用在绘图区提取属性文字进行快速填充来实现，对应系统图功能下方提示信息2（图4-13）"在右侧表格中，点击单元格后，鼠标移动到绘图区可直接提取文本"。

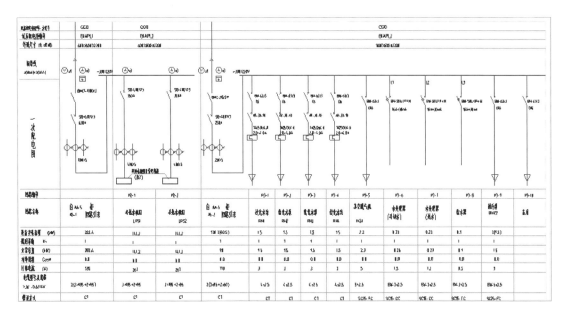

图 4-16　表格类的低压配电系统图的示意图

（3）识别

1）配电箱识别

用"系统图"功能列项完毕后，可使用"配电箱识别"功能，在平面图纸中对配电箱柜进行工程量统计。

功能位置（图 4-17）："建模"页签→导航栏切换到"电气—配电箱柜（电）"→工具栏"识别配电箱柜"功能包→"配电箱识别"功能。

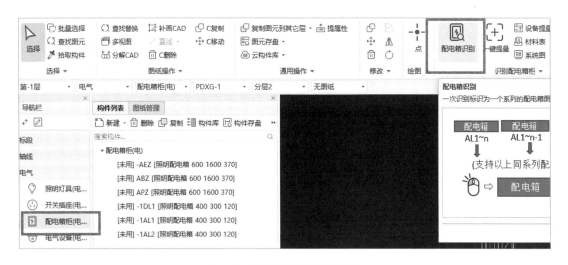

图 4-17　配电箱识别功能位置示意

"配电箱识别"可以一次性识别同一系列的配电箱柜，如 AL1、AL2、ALn，如图 4-18 所示。

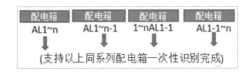

图 4-18　配电箱识别功能介绍

配电箱识别的具体操作步骤为：单击鼠标左键触发"配电箱识别"→绘图区选择要识别的配电箱图例（图例至少要由四根线条组成）和标识→选择楼层→"定位检查"或"确定"完成功能。

①点击"配电箱识别"：注意导航栏切换到配电箱柜界面，点击"配电箱识别"。

②选择要识别的配电箱和标识：鼠标左键点选（图元为 CAD 块）或框选（图元由 CAD 线段构成）配电箱的图例及标识，单击鼠标右键确认，如图 4-19 所示。

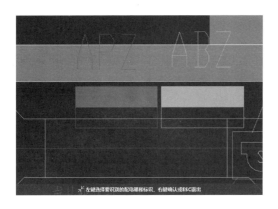

图 4-19　绘图区提取配电箱和标识操作

③选择楼层："配电箱识别"可以全楼识别，也可以识别部分楼层，如图 4-20 所示。

图 4-20　配电箱识别

④定位检查：配电箱识别完成后，构件列表对应名称标识一致的箱柜会显示"已用"，代表当前层此构件已有图元绘制在内，点击定位检查可以看到工程中未识别的配电箱及其未识别的原因，双击鼠标左键之后能自动定位到图纸对应位置，继续识别即可，如图 4-21、图 4-22 所示。

图 4-21　定位检查

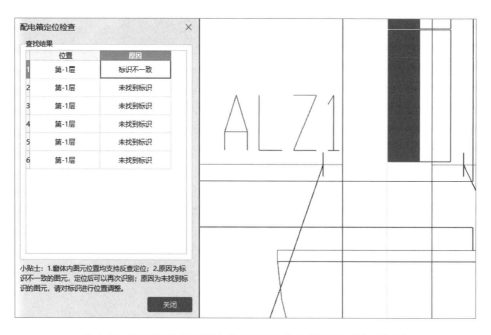

图 4-22　双击可定位未识别配电箱（此处双击检查"标识不一致"定位后）

"配电箱识别"注意事项："配电箱识别"可以一次性识别一系列的箱子，并且可以自动反建构件，所以用"系统图的读系统图"列项时，一系列的配电箱只需提取其中一个，之后在系统图功能中补充反建的配电箱回路信息即可，如图 4-23、图 4-24 所示。

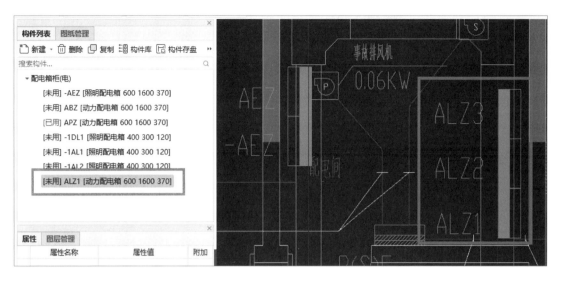

图 4-23 ALZ1 配电箱识别前

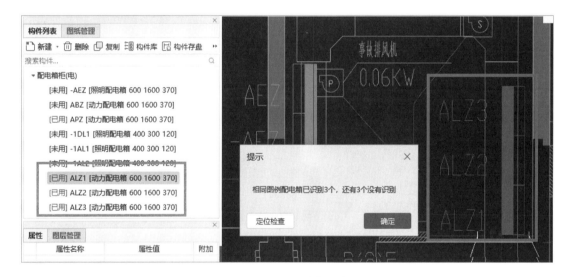

图 4-24 ALZ1 配电箱识别后

◆ 应用小贴士：

使用"配电箱识别"功能时，如遇到系统图未列项的电箱，软件会弹出对应的构件编辑窗口（图 4-25），可在此完善配电箱尺寸等信息，完成箱柜计量。

实际工程中，受限于图纸的设计深度等问题，图纸中可能会存在信息不明确的情况，如配电箱尺寸信息不明确。为保障算量工作的顺利进行，可先按默认参数进行识别，后期确定信息之后再在软件中修改即可。软件中配电箱的宽度（mm）、高度（mm）、厚度（mm）均为公有属性。在修改时软件会根据箱柜属性的变化自动调整连接箱柜配管的长度及线缆预留的工程量。

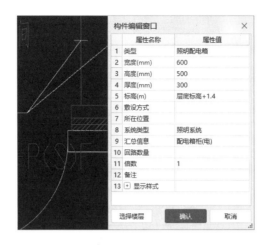

图 4-25　配电箱识别功能的构件编辑窗口

2）设备提量

"设备提量"功能作为广联达 BIM 安装计量软件数数量的核心功能，在配电箱柜中也有一定的用武之地。例如可识别标识不明确但功能固定的同类配电箱，如地下室的潜水泵箱。"设备提量"功能的具体操作步骤会在本章第 4.2.1 节详细说明。

当遇到图示设计不明确，想要通过"点"功能布置配电箱时，许多人会遇到默认图例太大的问题。此时，为了"点"画出合适大小的配电箱，可以通过"设备提量"功能获取想要的图例样式及大小，过程中可结合"选择识别范围"（图 4-26）锁定需要的图例，同时减少后续的二次操作。之后再进行"点"画即可绘制出图例大小合适的配电箱，如图 4-27 所示。

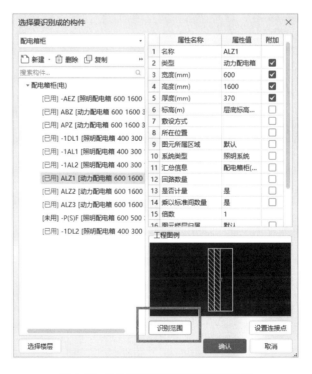

图 4-26　设备提量选择识别范围的按钮位置

图 4-27　"点"绘制功能说明

（4）检查及提量

软件中设备识别后检查方式有三种："漏量检查"功能、调整"CAD 图亮度"、双击"构件列表"，过程中也可以结合"图元查量""设备表""明细量表"等功能快速查看工程量。具体操作步骤可参见第 5 章第 5.1 节数量统计中的检查及提量部分的详解，以上功能各专业通用。

4.1.2　配电桥架的工程量统计

1. 业务分析

（1）计算规则依据

从《通用安装工程工程量计算规范》GB 50856—2013 可以看出，线槽、桥架均按设计图示尺寸以长度计算，计量时需要关注线槽、桥架的名称、材质、规格等信息，如表 4-3 所示。

配电桥架的清单计算规则　　　　　　　　　　表 4-3

项目编码	项目名称	项目特征	计量单位	工程量计算规则	工作内容
030411002	线槽	1. 名称 2. 材质 3. 规格	m	设计图示尺寸以长度计算	1. 本体安装 2. 补刷（喷）油漆
030411003	桥架	1. 名称 2. 型号 3. 规格 4. 材质 5. 类型 6. 接地方式			1. 本体安装 2. 接地

（2）分析图纸

结合设计说明信息，可以了解线槽、桥架的设计施工要求，如图 4-28 所示。

8）地下室水平敷设的电缆桥架均须防火处理，明敷的消防配电电缆桥架，采用防火封闭的金属线槽。电缆桥架敷设的文字标注为"CT"。

（12）线路敷设方式及敷设部位标注方式参见附表3、附表4。

线路敷设方式的标注

序号	名称	标注文字符号	序号	名称	标注文字符号
1	穿焊接钢管敷设	SC	3	穿套接扣压式薄壁钢管敷设	KBG
2	穿聚氯乙烯硬质电线管敷设	PVC	4	电缆桥架敷设	CT

图 4-28　桥架防火要求及桥架的敷设方式 CT

平面图中可以确定桥架的具体布置走向和规格型号。从图 4-29 可以看到，布置的出配电室电缆桥架规格为 500mm×200mm，安装高度为梁底 150mm 安装，沿着走向可以看到桥架有 300mm×200mm 和 200mm×100mm 等几种规格。

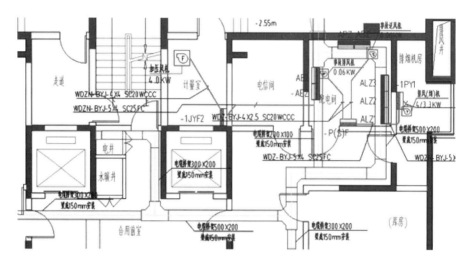

图 4-29　地下一层动力平面图的桥架走向

2. 软件处理

（1）软件处理思路

桥架计量的软件处理思路与配电箱相同，如图 4-6 所示。

（2）列项

桥架的列项可采用"新建"功能，根据图纸分析的桥架规格型号进行手动建立。具体操作步骤为：导航栏切换到电气专业→"桥架（电）"→点击"新建"→"新建桥架"[或在构件列表中单击鼠标右键"新建桥架"（图 4-30）]→根据图纸要求修改桥架的名称、材质、规格型号、标高等属性信息，可搭配"提属性"功能（图 4-31），快速进行图纸信息的提取及粘贴，减少手动输入。

图 4-30　构件列表的新建桥架界面

图 4-31 属性窗体中"提属性"功能位置

根据平面图定义的桥架构件列表如图 4-32 所示。

图 4-32 桥架列项内容示意

◆ 应用小贴士：

关于桥架的标高设置，一根线有两个点，在三维空间下先绘制的点为起点，对应这个点的高度即"起点标高"，第二点就是"终点标高"。当起点标高和终点标高不一致时，就是斜管或者立管。点击展开属性中的"计算"，可以看到标高类型、计算设置等内容（图 4-33），桥架的默认高度设置为"管底标高"，对应桥架的底面标高。

图 4-33　桥架构件"计算"的属性详细内容展示

（3）绘制 / 识别

1）水平桥架绘制

可采用"直线"功能绘制，该功能可在绘图区绘制一段或多段直线（默认快捷键"0"）。

功能位置："建模"页签→工具栏"绘图"功能包→"直线"功能，如图 4-34 所示。

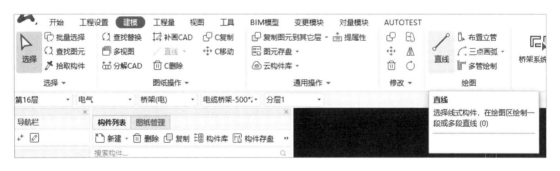

图 4-34　"直线"绘制功能位置

具体操作步骤为：在构件列表中选择需要的桥架构件→点击"直线"功能→在 CAD 底图—绘制桥架（本节重点讲解桥架的识别功能，具体"直线"功能操作方法可参见第 5 章第 5.2 节给水排水管道的直线绘制）。

"直线"绘制桥架注意事项：

①使用"直线"功能绘制桥架时，当规格型号不一致时，无须中断命令，可直接在构件列表进行切换，如图 4-35 所示。

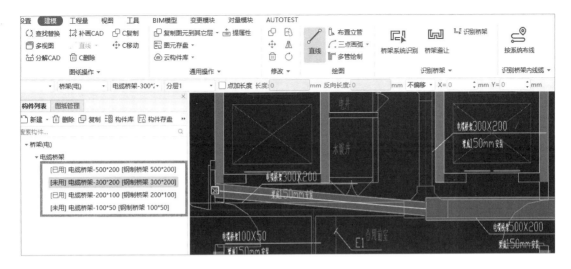

图4-35　"直线"绘制构件列表由 500×200 切换到 300×200

②绘制过程中可结合下方状态栏的"正交"功能进行正交垂直的直线绘制，功能位置如图 4-36 所示。

图4-36　"正交"（打开状态）的功能位置示意

③绘制桥架遇到已识别的配电箱时，软件会根据配电箱的安装高度与桥架的标高差自动生成连接配电箱的竖向桥架，如图 4-37 所示。

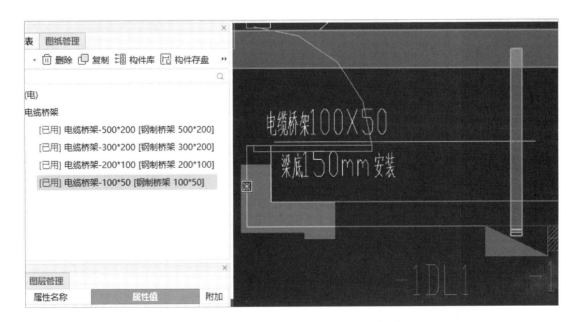

图4-37　自动根据高差生成连接配电箱的竖向桥架

④电井内连接跨层桥架的位置，建议绘制到竖向标识的中间位置，绘制完毕后此段桥架会有末端的红色断开标记，断开标记是用于辅助检查桥架是否连通完整的，如图 4-38 所示。

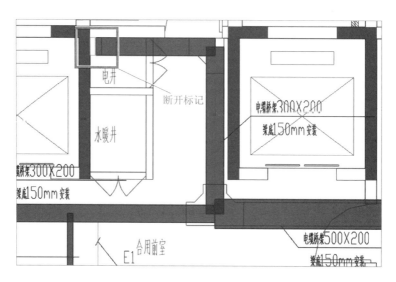

图 4-38　水平桥架绘制到电井内的断开标记显示

⑤为保障电缆头计算准确，请注意竖向桥架与配电箱连接要在配电箱的图例范围内，如图 4-39 所示。

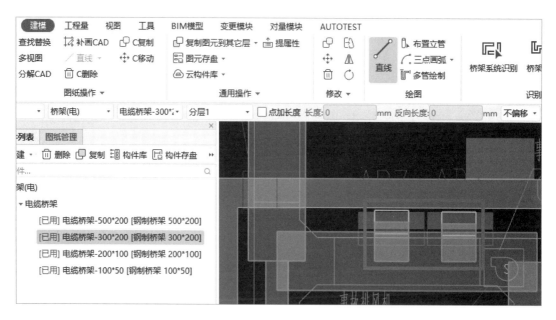

图 4-39　连接 APZ 和 ABZ 的竖向桥架绘制

◆　应用小贴士：

"直线"绘制桥架过程中可直接切换不同规格的桥架，遇到高度不同的桥架时注意调整桥架的高度，沿着底图走向绘制时搭配"正交"使用更佳。

当对于软件识别类功能不熟悉的时候，桥架建议使用"直线"绘制功能，在直线绘制过程中可以帮助算量人员更好地了解整个工程的配电分布，如配电室所在位置、分支线的大概走向等信息（图 4-40），让算量人员更快地过渡到电线电缆的工程量计算中。

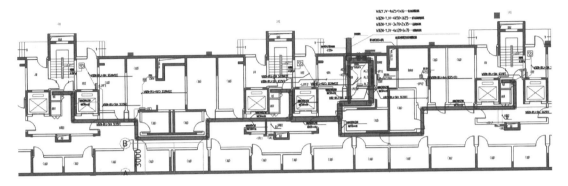

图 4-40　地下一层配电桥架绘制完成示意图

2）跨层桥架绘制：布置立管

结合竖向干线系统图，可以了解动力电缆的敷设路径，软件中可以使用"布置立管"功能进行竖向跨层桥架的绘制。

布置立管功能位置及功能窗体："建模"页签→工具栏"绘图"功能包→"布置立管"功能，该功能主要用来布置竖向管道图元（快捷键"Alt+0"），如图 4-41 所示。

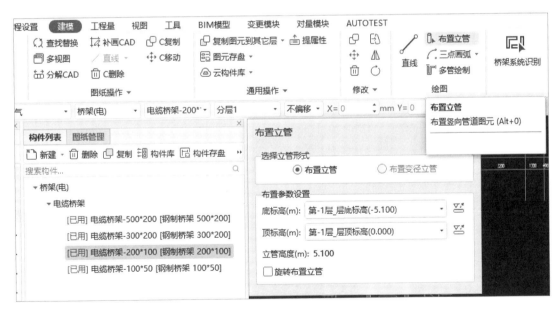

图 4-41　布置立管功能位置及功能窗体

具体操作步骤为：点击"布置立管"→选择立管形式→布置参数设置→"点"画到平面图立管位置。

①点击"布置立管"：注意切换到桥架（电）构件下点击"布置立管"功能。

②选择立管形式：布置立管支持立管形式的选择，但变径立管主要应用在水专业跨层

立管布置，因此此处为灰显状态。

③布置参数设置：底标高和顶标高对应一根竖向立管下上两端的高度，在功能内可以借助提取图元标高到对应的标高栏内，算量时相互之间皆有关联，有效使用提取图元标高可以省略很多心算过程。标高栏内支持 ×× F ± n，如在 16 层底 0.1m 的位置，则输入 16F+0.1，如图 4-42 所示。

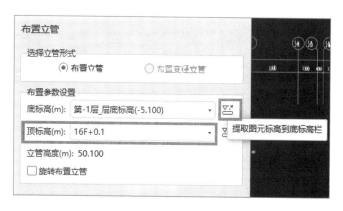

图 4-42　布置立管功能内容示意

布置立管注意事项：

①所布置立管的规格型号与构件列表所选的构件相对应，即构件列表选中哪种规格的构件，布置出来就是哪种规格的构件。在布置竖向桥架时一般可结合"电井布置详图"找到具体的桥架规格，如图 4-43 所示。

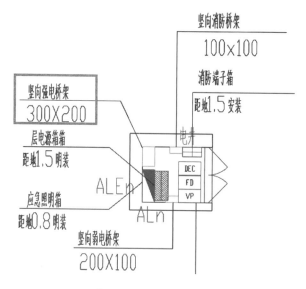

图 4-43　电井布置详图

②竖向桥架实际应用可能存在材质类型与水平桥架不一致的情况，建议单独列项处理，如图 4-44 所示。

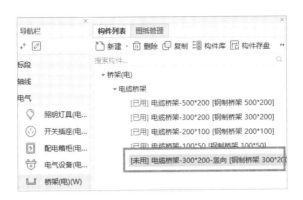

图 4-44　竖向桥架单独列项

③在使用"提取图元标高到底标高栏"功能时，当鼠标停留在对应桥架图元上时，图元上方会显示对应图元的标高信息（图 4-45），桥架安装高度为"–1F+4.6m（–0.500）"，单击鼠标左键确定即可把图元高度信息提取到底标高栏内。

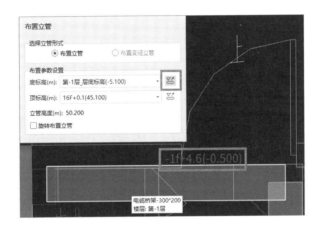

图 4-45　提取图元标高到底标高栏示意

底标高确定无误后，进行顶标高的信息完善。结合上文中提到的 ××F±n 的输入方式，输入 16F+0.01（方便在 16F 看到跨层桥架），确定无误后，"点"布置在电井内，如图 4-46 所示。

图 4-46　点绘制跨层桥架图元的位置示意

④绘制完成后可以使用"动态观察"切换到三维视角检查竖向桥架的布置情况，如图 4-47 所示。

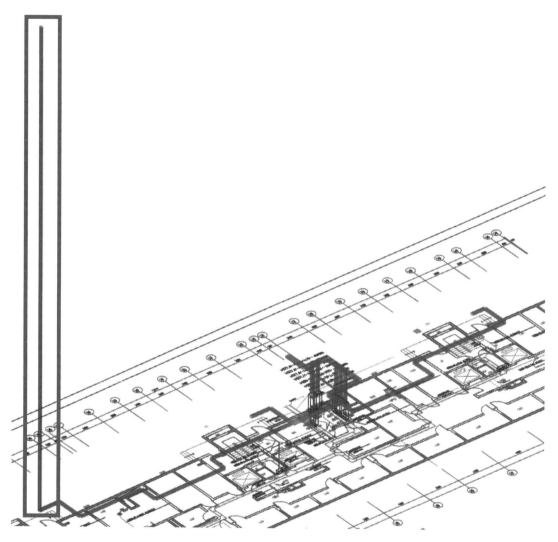

图 4-47　三维视角下的一单元竖向桥架

◆ 应用小贴士：

三维效果图的查看方法：动态观察

完成识别后会生成相应的图元，如需查看三维效果，点击"动态观察"即可，并且可以通过拖动鼠标使图元进行旋转，找到合适的视角，此功能全专业适用。具体操作步骤为：直接点击绘图界面右侧悬浮窗口→拖动鼠标使图元进行旋转，如图 4-48 所示。

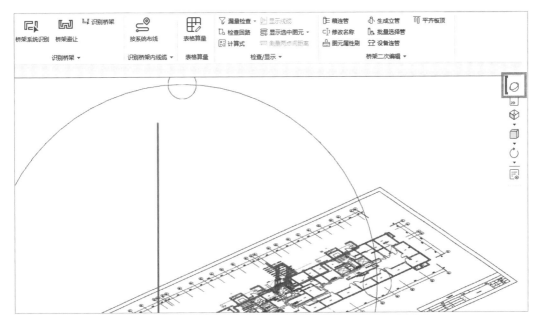

图 4-48　悬浮窗口动态观察

3）识别桥架

除了手动绘制，软件还提供了"桥架系统识别"功能，可以根据 CAD 线走向和标识（支持单根 CAD 线绘制的桥架）批量进行桥架的识别及绘制。

具体操作步骤为：选择桥架 CAD 线→选择桥架类型→选择桥架规格标注→自动识别，进入"桥架系统识别"调整完善信息→生成图元。每个操作步骤在"桥架系统识别"功能窗体都有对应的状态提示，如图 4-49 所示。

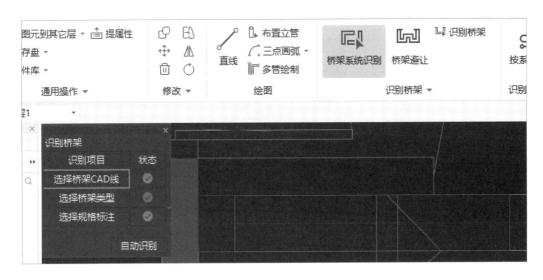

图 4-49　"桥架系统识别"的操作状态提示窗体（跳过则灰色显示）

①选择桥架 CAD 线：支持单线和双线选择，选择完成后单击鼠标右键确认。

②选择桥架类型：桥架类型如动力系统桥架、消防系统桥架，操作时该项也可跳过不

选，跳过则灰色显示。

③选择桥架规格标注：选择图纸中的桥架规格，如果不选择，默认按桥架平行线的宽度考虑。

④"桥架系统识别"：提取参数信息无误后单击"自动识别"，可以看到"桥架系统识别"的预览窗体以及绘图区桥架的预览路径走向，如图 4-50 所示。

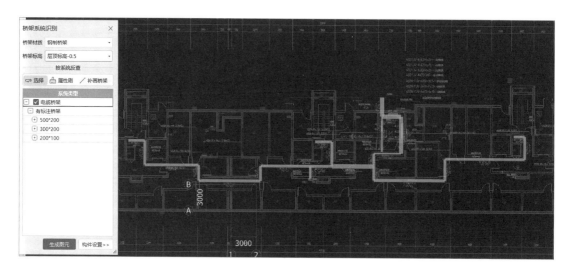

图 4-50 "桥架系统识别"的功能窗体及路径预览效果

在"桥架系统识别"功能窗体中，上方可以定义桥架的材质和标高，下方分为"选择""属性刷""补画桥架"三个功能按钮，可以对已提取的桥架规格进行反查及修改校验的操作。

"选择"功能介绍：在"选择"状态下，单击"500×200"可以对预览中的所有500×200规格内容进行定位检查，其他规格同理，效果如图 4-51 所示。

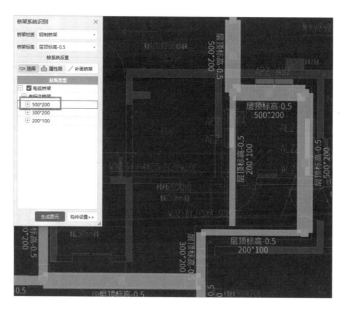

图 4-51 单击"500×200"的定位检查效果

预览状态下的修改，遇到绘图区明显错误的可直接选中绘图区的预览文字进行修改，修改后按回车键，预览的桥架宽度也会联动调整，如图 4-52 所示。

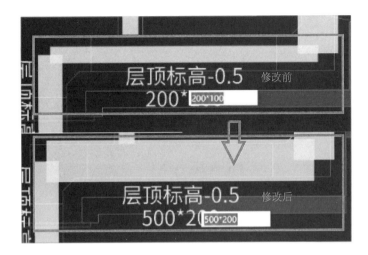

图 4-52　桥架预览标识修改效果示意

预览中如果发现没有完全连接到位的桥架，也可使用鼠标左键单击选中对应的图元，选中后可以进行拉伸操作，拉伸到对应位置即可，如图 4-53 所示。

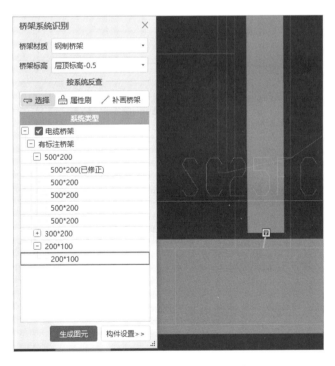

图 4-53　预览桥架图元拉伸修改示意

"属性刷"功能介绍：可以提取图纸中的桥架标注，刷新给目标桥架图元，如图 4-54所示。

图 4-54　属性刷，提取 CAD 文字标识的效果示意

"补画桥架"功能介绍：遇到桥架路径没有连通上或设计存在断开的情况，可以使用"补画桥架"进行绘制，操作方式类似"直线"绘制。

如果操作过程中不慎退出，也可再次触发"桥架系统识别"功能，软件会弹出提示"是否加载旧数据"，选择"是"即可继续之前的操作，如图 4-55 所示。

图 4-55　"是否加载旧数据"提示窗

⑤生成图元：整体检查校验完毕后，单击"生成图元"按钮，即可完成预览桥架的全部生成。

（4）检查及提量

对于桥架的检查，主要关注两件事情：第一是各个规格的桥架是否与平面图的设计要求一致，有无遗漏或缺失；第二是为了保障线缆的快速计算，需要保证已绘制桥架的路径连通，中间无断开的问题。

对于第一种情况，直接双击"构件列表"即可进入自检查量状态，如双击"电缆桥架 –500×200"，即可结合绘图区对 500×200 桥架进行检查校对（图 4-56），该功能全专业通用，识别完成后可以通过此种方式快速进行检查及过程提量。

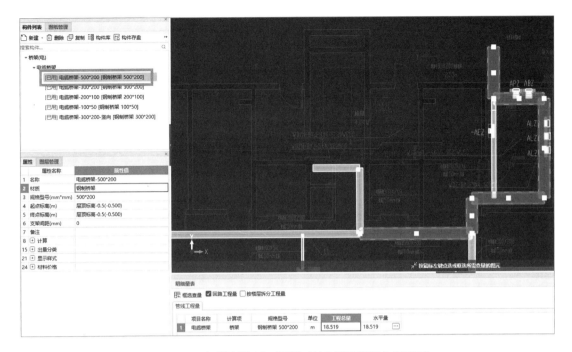

图 4-56　双击"构件列表"，快速选中检查绘图区图元的效果示意

对于第二种情况，需要检查桥架连通情况，可先单击鼠标右键触发"明细工程量"，再单击绘图区任意桥架图元，即可检查桥架的连通情况，效果如图 4-57、图 4-58 所示。

图 4-57　鼠标右键功能菜单中的"明细工程量"位置

明细量表

框选查量 ☑回路工程量 ☐按楼层拆分工程量

管线工程量 设备工程量

	项目名称	计算项	规格型号	单位	工程总量	水平量	竖直量
1	电缆桥架	桥架	钢制桥架 100*50	m	3.999	1.474	2.525
2			钢制桥架 200*100	m	7.401	4.451	2.950
3			钢制桥架 300*200	m	122.744	62.134	60.610
4			钢制桥架 500*200	m	18.519	18.519	

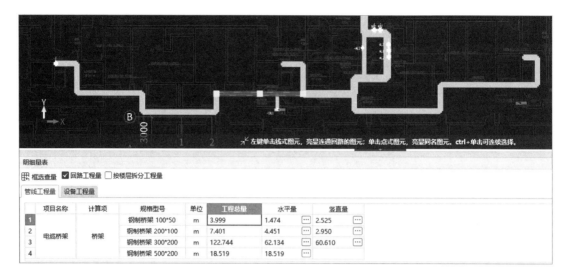

图 4-58 单击任意桥架检查回路的效果

识别完成后可以查看桥架工程量及连接的配电箱数量，如图 4-59、图 4-60 所示。

明细量表

框选查量 ☐回路工程量 ☐按楼层拆分工程量

管线工程量 设备工程量

	计算项	规格型号	单位	工程总量	水平量	竖直量
1	桥架	钢制桥架 100*50	m	3.999	1.474	2.525
2		钢制桥架 200*100	m	7.401	4.451	2.950
3		钢制桥架 300*200	m	122.744	62.134	60.610
4		钢制桥架 500*200	m	18.519	18.519	

图 4-59 案例工程地下一层桥架（含一单元跨层）工程量明细

明细量表

框选查量 ☐回路工程量 ☐按楼层拆分工程量

管线工程量 设备工程量

	计算项	名称	规格型号	标高	倍数	单位	工程量	非超高量
1	配电箱柜	-1DL1	400*300*120	层底标高+1.8(-3.300)	1	个	1.000	1.000
2		ABZ	600*1600*370	层底标高(-5.100)	1	个	1.000	1.000
3		-AEZ	600*1600*370	层底标高+0.1(-5.000)	1	个	1.000	1.000
4		ALZ1	600*1600*370	层底标高+0.1(-5.000)	1	个	1.000	1.000
5		ALZ2	600*1600*370	层底标高+0.1(-5.000)	1	个	1.000	1.000
6		ALZ3	600*1600*370	层底标高+0.1(-5.000)	1	个	1.000	1.000
7		APZ	600*1600*370	层底标高+0.1(-5.000)	1	个	1.000	1.000

图 4-60 案例工程桥架连接的配电箱工程量

4.1.3 电气动力线缆的工程量统计

1. 业务分析

（1）计算规则依据

从《通用安装工程工程量计算规范》GB 50856—2013 可以看出，配管按设计图示尺寸以长度计算（表 4-4），配管在算量中需要关注配管的材质、规格以及敷设方式等信息。

配管的清单计算规则　　　　　　　　　　　　　　　　　表 4-4

项目编码	项目名称	项目特征	计量单位	工程量计算规则	工作内容
030411001	配管	1. 名称 2. 材质 3. 规格 4. 配置形式 5. 接地要求 6. 钢索材质、规格	m	设计图示尺寸以长度计算	1. 电线管路敷设 2. 钢索架设（拉紧装置安装） 3. 预留沟槽 4. 接地

　　除了配管外，还需计算管内及桥架内的电力电缆和控制电缆，它们的计算规则是"按设计图示尺寸以长度计算（含考虑预留长度及附加长度）"（表 4-5），算量过程中需要区分电缆的敷设方式以及规格型号等信息，电缆敷设具体的预留及附加长度如表 4-6 所示。

电缆相关的清单计算规则　　　　　　　　　　　　　　　表 4-5

项目编码	项目名称	项目特征	计量单位	工程量计算规则	工作内容
030408001	电力电缆	1. 名称 2. 型号 3. 规格 4. 材质 5. 敷设方式、部位 6. 电压等级（kV） 7. 地形	m	按设计图示尺寸以长度计算（含预留长度及附加长度）	1. 电缆敷设 2. 揭（盖）盖板
030408002	控制电缆				
030408003	电缆保护管	1. 名称 2. 材质 3. 规格 4. 敷设方式		按设计图示尺寸以长度计算	保护管敷设

电缆预留及附加长度的清单计算规则　　　　　　　　　　表 4-6

序号	项目	预留（附加）长度	说明
1	电缆敷设弛度、波形弯度、交叉	2.5%	按电缆全长计算
2	电缆进入建筑物	2.0m	规范规定最小值
3	电缆进入沟内或吊架时引上（下）预留	1.5m	规范规定最小值
4	变电所进线、出线	1.5m	规范规定最小值
5	电力电缆终端头	1.5m	检修余量最小值
6	电缆中间接头盒	两端各留 2.0m	检修余量最小值
7	电缆控制、保护屏及模拟盘、配电箱等	高 + 宽	按盘面尺寸
8	高压开关柜及低压配电盘、箱	2.0m	盘下进出线
9	电缆至电动机	0.5m	从电动机接线盒算起
10	厂用变压器	3.0m	从地坪起算
11	电缆绕过梁柱等增加长度	按实计算	按被绕物的断面情况计算增加长度
12	电梯电缆与电缆架固定点	每处 0.5m	规范规定最小值

（2）分析图纸

在电气动力线缆计算中，一般会涉及纯桥架内线缆布线、出桥架配管连接配电箱以及跨层线缆几种不同的业务场景，需要结合系统图、平面图捋清配电关系及配线信息，如图4-61、图4-62所示。

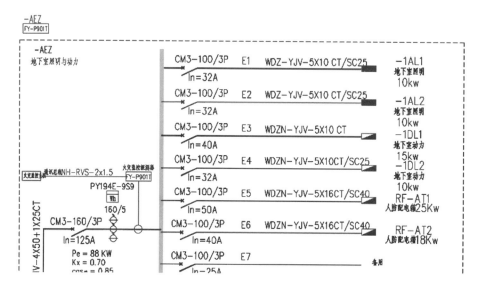

图4-61　-AEZ系统图

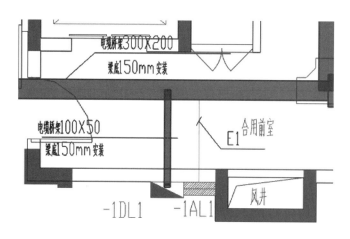

图4-62　-AEZ配出E1和E3回路平面图位置示意

2. 软件处理

（1）软件处理思路

动力线缆计量的软件处理思路与配电箱相同，此处不再赘述。

（2）列项

线缆的列项其实是在用"系统图"功能进行配电箱列项时就同步完成了，具体操作详见第4.1.1节的动力配电箱列项"系统图"功能的说明，此处进一步讲解系统图的"高级设置"，功能位置如图4-63所示。

图 4-63　系统图—高级设置功能主界面

在"系统图—高级设置"功能内，可以进行"名称修改"，软件默认的是"配电箱信息 + 回路编号"的命名方式，可以批量调整为"配电箱信息 + 末端负荷"，调整前后的效果如图 4-64 所示。

标记	名称	回路编号	导线规格型号	导管规格型号
	□ -AEZ			
1 1	-AEZ-E1	E1	WDZ-YJV-5X10	SC25
1 2	-AEZ-E2	E2	WDZ-YJV-5X10	SC25
1 3	-AEZ-E3	E3	WDZN-YJV-5X10	
1 4	-AEZ-E4	E4	WDZN-YJV-5X10	SC25
1 5	-AEZ-E5	E5	WDZN-YJV-5X16	SC40
1 6	-AEZ-E6	E6	WDZN-YJV-5X16	SC40

标记	名称	回路编号	导线规格型号
11	AJY1		
12	ATW1		
13	ATW2		
14	□ -AEZ		
14 1	-AEZ--1AL1	E1	WDZ-YJV-5X10
14 2	-AEZ--1AL2	E2	WDZ-YJV-5X10
14 3	-AEZ--1DL1	E3	WDZN-YJV-5X10
14 4	-AEZ--1DL2	E4	WDZN-YJV-5X10
14 5	-AEZ-RF-AT1	E5	WDZN-YJV-5X16
14 6	-AEZ-RF-AT2	E6	WDZN-YJV-5X16

图 4-64　"配电箱信息 + 回路编号"（上）调整为"配电箱信息 + 末端负荷"（下）

列项完成后可以在软件左侧导航栏构件列表中查看，电气线管有"电线导管（电）、电缆导管（电）、综合管线（电）"三种构件分类，如图 4-65 所示。

图 4-65   三种电气线管的分类

接下来详细说明三种构件的区别：

1）电线导管（电）：在此分组下的构件，对应的线缆规格型号会解析其中的导线根数，计算时线缆长度 = 电线导管长度 × 根数，如"规格型号为 BV-2 × 2.5"软件按 BV-2.5 的导线 2 根进行出量。

2）电缆导管（电）：在此分组下的构件，属性中的线缆规格型号不会解析根数。计算时线缆长度 = 电缆导管长度 ×1.025。

3）综合管线（电）：此分组主要用来处理一根配管中既敷设电线，又敷设电缆的场景。综合管线中线缆规格类型可分别设置，软件也会分别按电线、电缆的计算规则出量，如图 4-66 所示。

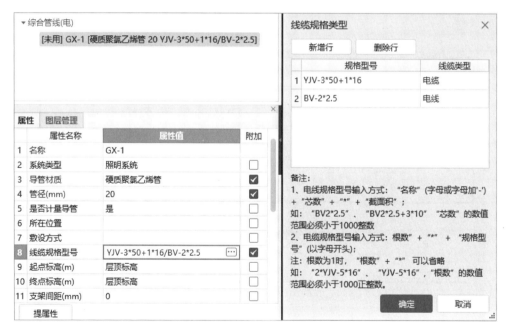

图 4-66   线缆规格型号选择

◆ 应用小贴士：

1."系统图"功能，会自动按照电线及电缆进行分类，分别建立对应的构件。在进行"系统图"功能操作时，可以在"高级设置"中设置哪些属于电线、哪些属于电缆，后期软件自动按此设置进行电线、电缆的分组，如图 4-67 所示。

图 4-67　"系统图—高级设置"对应线缆规格型号的解析

2. 系统图"对应构件"中，配管、电线 / 电缆、其他，有什么区别？

三种构件支持的属性不同，配管的属性中有管的材质、管径，也有线缆规格等，后期出量时配管及线缆工程量同时计算。电线 / 电缆的属性中没有配管的材质和管径，只有线缆规格型号，后期出量时只有线缆工程量。其他的属性中仅有配管的材质和管径，没有线缆规格，后期出量时只有配管工程量，如图 4-68 所示。

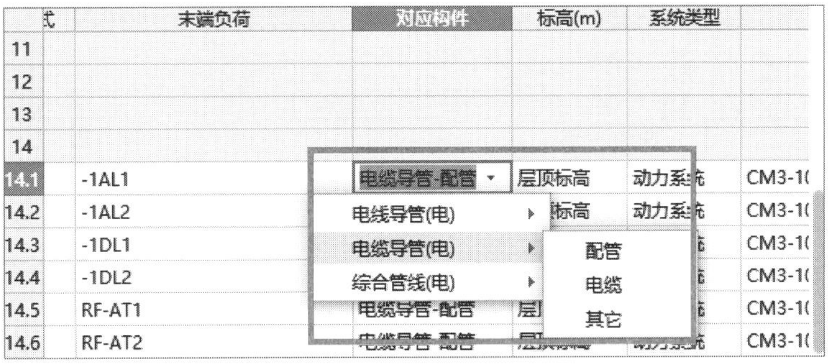

图 4-68　系统图"对应构件"修改的位置示意

3. 如果对应的系统图构件对应电线、电缆建立错误怎么办？

系统图中的对应构件可直接进行对应构件的修改，软件会自动调整对应构件到修改后的分组中，在如图 4-68 所示的位置进行对应构件的切换。

（3）识别

在绘图区布置好配电箱、桥架连通绘制完成且线缆也用"系统图"完成列项后，下一步就可以用"按系统布线"功能进行桥架内线缆的快速布置。

1）按系统布线基本流程

该功能操作流程简便，最短只需三步即可完成动力布线，如图 4-69 所示。

图 4-69　按系统布线功能基础操作流程

① 触发"按系统布线"功能：构件列表会将电线导管和电缆导管中的构件进行合并展示，同步变成"电气线缆"，同时对触发功能时构件列表中所停留的构件进行回路"自动布线"，如图 4-70 所示。

图 4-70   按"系统布线"功能触发后的构件列表样式

② 选择构件列表的构件：对于未识别配电箱的回路，当选中对应构件时，软件会提示"存在未识别的配电箱，请补充识别配电箱或智能绘制回路"，如图 4-71 所示。

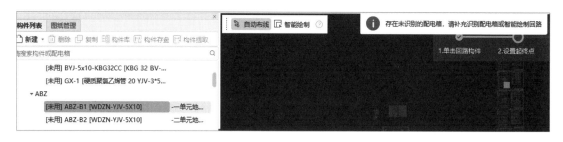

图 4-71   自动布线下，未识别配电箱的提示信息

此时可直接在构件列表中切换需要布线的回路即可，对于列表过多、过长导致回路找不到的，可在上方进行关键字的搜索，如图 4-72 所示。

图 4-72　构件列表搜索 -AEZ 配电箱的显示样式

③单击鼠标右键确认生成线缆：设置回路的起点、终点，完成线缆布置。因动力线缆情况较为多样、复杂，所以接下来针对线缆的布置分不同情况进行详细解析。

2）同层线缆快速布置

①场景一：两个配电箱间纯桥架连接，即配电箱—桥架—配电箱。

点击"按系统布线"功能，默认在"自动布线"状态下，软件会根据"配电箱信息""末端负荷"两个属性进行起、终点连通查找，如果路径连通则自动完成路径内的线缆布置，如图 4-73 所示。

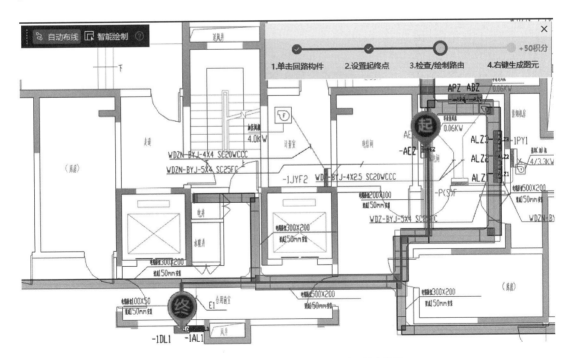

图 4-73　"自动布线"状态下，回路的布置检查效果

最后单击鼠标右键即可确定生成回路，软件会提示成功生成 1 条回路，如图 4-74 所示。

图 4-74　成功布置 1 条回路

对于同层两个配电箱之间的线缆纯在桥架内敷设的情况，用"按系统布线"功能可以快速完成线缆的布置，简单方便。

②场景二：两个配电箱间先走桥架，再走管，即配电箱—桥架—配管—配电箱。

同样采用"按系统布线"功能（实际工程中，完成某回路线缆的布置之后可以继续进行其他回路的布线操作，在构件列表中单击鼠标左键切换对应构件即可）。上文提到过，在"自动布线"状态下，软件会根据"配电箱信息""末端负荷"两个属性进行起、终点连通查找，但是在楼层编号模式下，会出现两张平面图均存在某配电箱的情况，此时需要手动选择该回路所对应的终点，如图 4-75 所示。

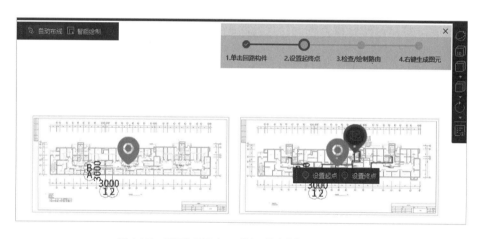

图 4-75　楼层编号模式下，"按系统布线"手动选择终点

完成"设置终点"的操作后，软件会自动进行路径的展示，默认连接的为最短路径。

当需要对路线进行修改时，可以直接单击对应的桥架，即可看到软件对于路径的自动切换（图 4-76），操作效果如同导航软件到达终点的路线切换。

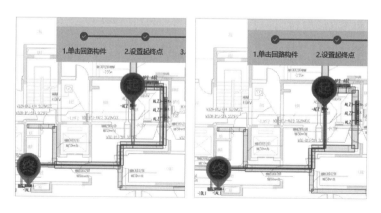

图 4-76　线缆路径切换前后的走线变化对比（左侧为切换后）

3）跨层线缆快速布置（总分放射式）

了解同层线缆的布置方式之后，再来看一下跨层线缆的布置。为了让大家更容易理解，以 APZ 配电箱（图 4-77）为例进行详解，对应的业务场景依旧为配电箱—桥架—配管—配电箱，即 APZ 配电箱→桥架→单元电井引上→配管→ATW1 配电箱。

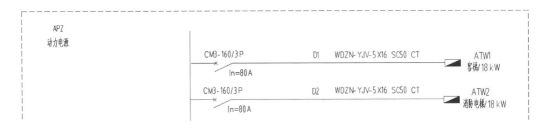

图 4-77　APZ 配电箱的 D1、D2 回路

主要功能操作步骤与同层一致，比如要布置地下一层 APZ 配电箱的 D1 回路，当在地下一层触发"按系统布线"功能后，在构件列表里单击鼠标左键切换到 APZ 配电箱 -D1 回路，此时因为跨层存在两个同名的 ATW1 配电箱作为终点，软件会自动定位到起点所在的位置，如图 4-78 所示。

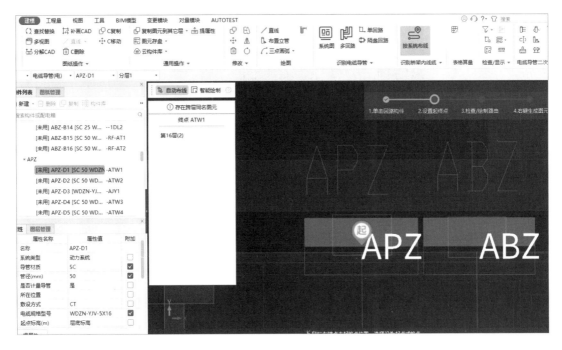

图 4-78　按系统布线定位到起点的效果

接下来，单击存在跨层同名图元——终点 ATW1 的第 16 层（2），软件会自动切换图纸到 16 层，同时在绘图区标记出两个终点配电箱 ATW1 所在的位置，如图 4-79 所示。

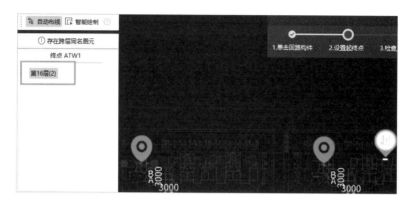

图 4-79　切换楼层到 16 层，ATW1 两个终点的标记显示示意

在绘图区根据起点所在位置选择正确的终点位置，选择后会提示"当前存在跨层回路，建议切换三维查看编辑"（图 4-80），如果选错了终点，可以单击"×"取消对应终点标记（图 4-80）。如果刚上手操作软件，建议切换到三维视图放大查看一下整体的路径走向（图 4-81），这样对软件的布线及功能原则更放心。

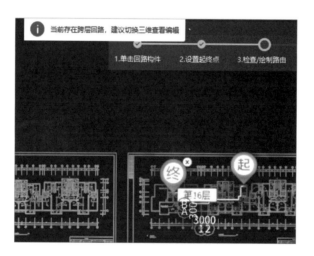

图 4-80　选择终点之后的提示信息示意

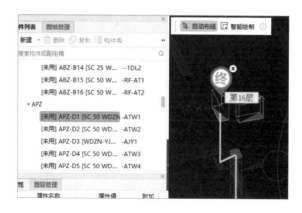

图 4-81　三维动态观察对应线缆跨层的细节效果

　　确认无误后单击鼠标右键"生成回路"，与同层操作一样，确定后上方会弹出提示"成功生成1条回路"。

　　工程中若出现双电源配电箱，也可继续使用"按系统布线"功能。如上文提到的ATW1配电箱就属于一用一备的双电源供电（图4-82），重复上述操作完成双电源布线，重复布置效果如图4-83所示。

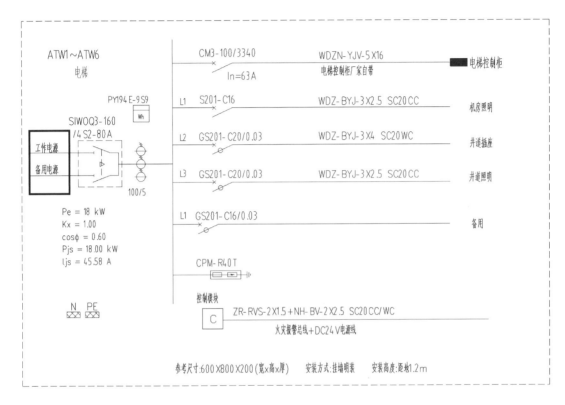

图4-82　系统图 ATW1~ATW6 工作电源、备用电源进线

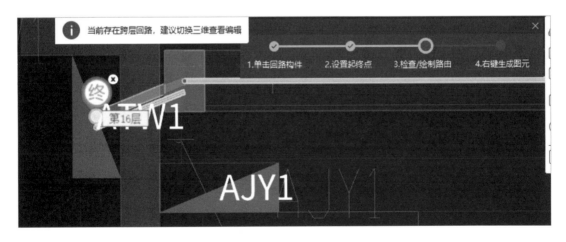

图4-83　双电源进线系统布线效果示意

◆ 应用小贴士：

按系统布线有"自动布线"和"智能绘制"两种方式，这两种布线方式是在什么场景下使用呢？

1. "自动布线"：在桥架连通的情况下，只要绘图区布置好相应配电箱柜的位置，即可快速根据"配电箱信息"和"末端负荷"判断桥架中的线缆路径走向，自动完成布线（上文主要讲解的是"自动布线"的功能操作）。

2. "智能绘制"：当遇到桥架路径不通或底图线路比较乱，软件没有办法借助"自动布线"快速找到对应路径时，可借助"智能绘制"手动进行路径的绘制连通（遇到路径不通时也可考虑借助"智能绘制"查找桥架的断点位置）。

"智能绘制"在遇到桥架的时候会自动沿着桥架路径快速完成线缆布置，并且只计算桥架内线缆工程量，这时直接单击需要进行桥架布线的位置即可，在出桥架时会自动计算配管及配线工程量，遇到配电箱时会连接到配电箱中心所在的位置。

需要特殊说明的是，在使用"智能布置"进行路径连通时，具体操作方式类似"直线"绘制，但如果操作错误，可以使用"Ctrl+鼠标左键"进行撤销，如图 4-84 所示。

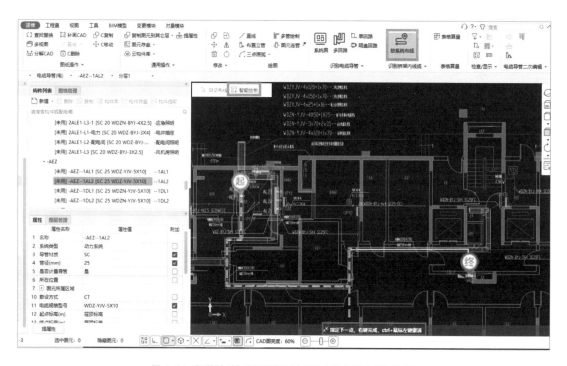

图 4-84　智能绘制在靠近桥架时的自动布置效果（虚线部分）

4）跨层线缆快速布置（主干分支式）

为便于大家理解，同样以案例形式展开说明。以某工程竖向配电系统图为例，在地下室配电间的 ALZ1/L1 回路，在电井中连接各层的 AL1 配电箱时属于主干与分支线缆规格型号不同的树干式布线方式，如图 4-85 所示。

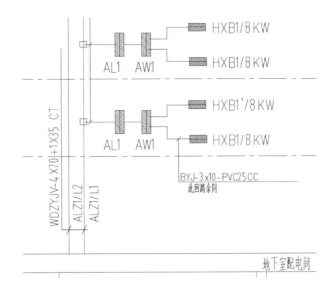

图 4-85　地下室配电间的竖向干线系统图

结合 ALZ1 系统图可知，L1 回路对应 1~8 层的供电，主干的电缆规格为 WDZYJV-
4X70+1X35，如图 4-86 所示。

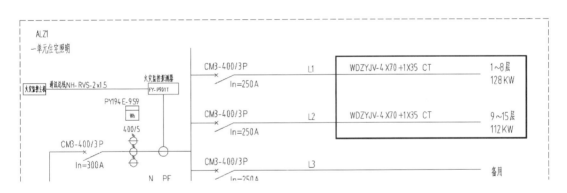

图 4-86　ALZ1 系统图的 L1 和 L2 回路

结合竖向系统图可知，分支线的形式为 "T 型电缆分支器"，分支线的规格型号为
"BYJ-5X10" 穿 KBG32 的保护管，如图 4-87 所示。

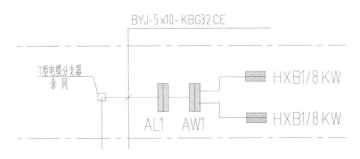

图 4-87　分支线及 T 型电缆分支器的示意图

　　其实上述依旧是配电箱→桥架→配管的情况，对应到上述案例中为：ALZ1 配电箱→桥架→单元电井竖向→到 8 层→分支线进入 AL1 配电箱（1~8 层）。

　　以上述案例情况为例，软件中的操作路径为：

　　①切换楼层到 8 层，可结合 AL1 配电箱系统图了解 AL1 具体信息（图 4-88），找到对应电井 AL1 配电箱所在的位置，完成 AL1 配电箱的识别，在此仅识别当前层的 AL1 箱即可，如图 4-89 所示。

图 4-88　AL1 配电箱系统图

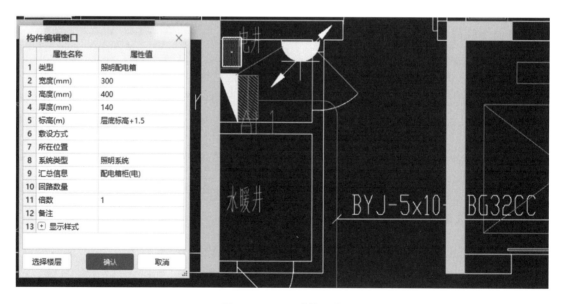

图 4-89　AL1 配电箱识别

　　②在"电线导管（电）"的位置新建配管，并完善对应属性信息作为分支线，如图 4-90 所示。

图 4-90　AL1 进线的分支线构件建立位置及属性填写示意

③"直线"绘制一部分主干电缆水平段，另外一段出桥架的分支线连接到 AL1 配电箱，如图 4-91 所示。

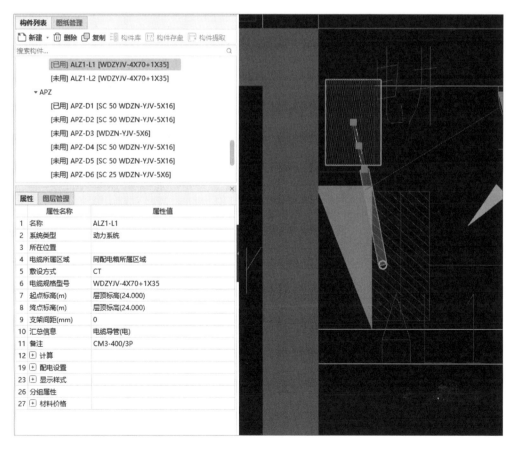

图 4-91　AL 箱在电井中连接的"直线"绘制示意

④触发"按系统布线"功能，在构件列表中找到 ALZ1 配电箱的 L1 回路（图 4-92），此时会提示"未找到终点，请自行搜索或设置"。

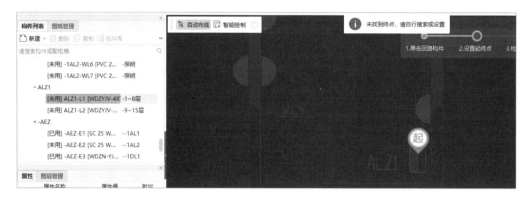

图 4-92　"按系统布线"未找到终点的提示

⑤根据提示信息的要求，指定对应的水平主干线缆作为终点，如图 4-93、图 4-94 所示。

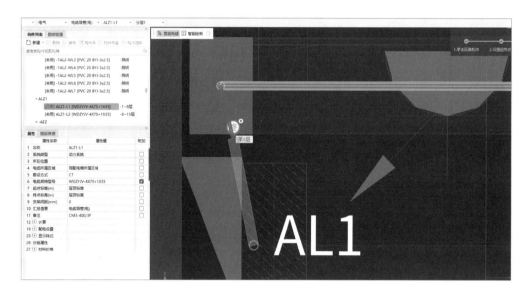

图 4-93　设置水平的主干电缆为终点

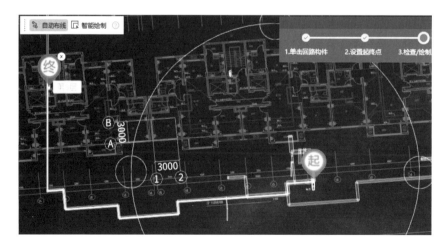

图 4-94　整体路径连通到 8 层的三维路径检查

⑥单击鼠标右键确认生成对应的回路。这样从 ALZ1 箱至 8 层电缆 WDZYJV-4X70+1X35 即计量完成。

⑦对于 L1 回路的其他 1~7 层内容，可以打开下方状态栏中的"跨类型选择"，同时选中分支部分的线缆及配电箱，用"复制图元到其他层"功能进行复制处理，选中效果如图 4-95 所示。

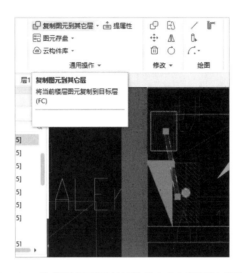

图 4-95　用"复制图元到其他层"选中分支线及配电箱示意

⑧单击鼠标右键确认后，在弹窗中选择所对应分支线的楼层即可，选择后点击"确定"完成复制，如图 4-96 所示。

图 4-96　"复制图元到其他层"的楼层选择窗体

（4）检查

对于动力线缆的检查，主要用"按系统布线"功能生成的标记小白球配合"明细工程量"进行路径的检查以及工程量的同步查看。以 ALZ1 的分支线检查流程进行演示说明，具体操作步骤为：

1）单击 AL1 配电箱上的按系统布线悬浮球（图 4-97），软件会按照布线的走向选中这一整条桥架内外线缆。

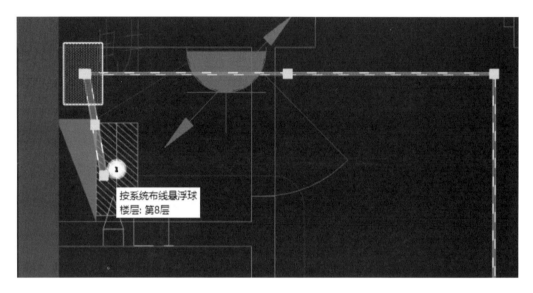

图 4-97　按系统布线悬浮球，终点位置的单击选中效果示意

2）选中之后，用鼠标右键菜单中的"明细工程量"功能即可完成此段回路的工程量查看（图 4-98、图 4-99）（注意：此处检查仅呈现 ALZ1 配电箱到 8 层的干线电缆以及 8 层的分支线，复制的分支线可结合批量选择查看）。

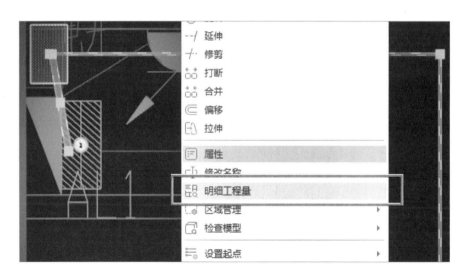

图 4-98　鼠标右键菜单中"明细工程量"位置示意

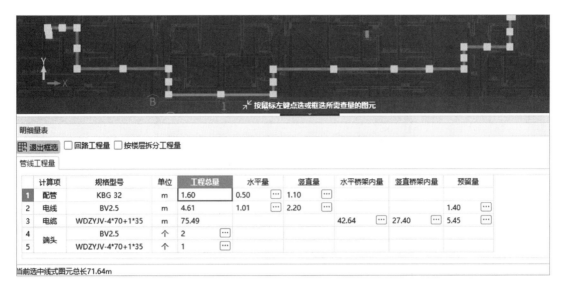

图 4-99　明细量表中的工程量及整体路径走向

这样就完成了在终点位置通过选择悬浮球对 ALZ1 配电箱 L1 回路的工程量检查。

当需要对配电箱出线的多个回路进行检查及逐个校验时，需要选择出线配电箱的悬浮球来进行操作，具体操作步骤为：

①切换楼层到地下一层，找到配电箱的"-AEZ 配电箱"，单击其系统布线的悬浮球（图 4-100），可以看到输入端、回路编号以及对应回路的输出端。

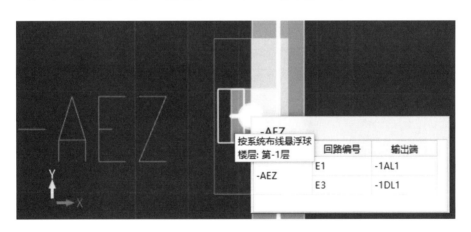

图 4-100　单击出线端的悬浮球示意

②在对应的弹窗中，双击对应回路编号即可选中检查相应的回路，选中后同样可以单击鼠标右键"明细工程量"来进行对应回路工程量的检查。

③在弹窗中双击输入端，即选中当前输入端所有输出的回路（图 4-101），然后借助明细工程量进行检查，也可以勾选"回路工程量"按回路进行工程量的拆分，如图 4-102所示。

图 4-101   悬浮窗中输入端所在位置

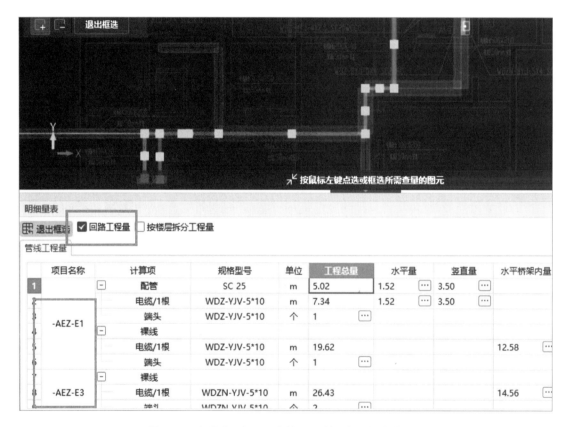

图 4-102   勾选"回路工程量"的工程量按回路区分明细的示意

跨层双电源的检查操作与同层类似，均为选择小白球中所对应的回路信息进行动力线缆整条回路的检查校验。此处以 16 层 ATW1 配电箱为例进行检查，具体操作步骤为：

①切换楼层至 16 层，在"十六～十八层配电平面图"中找到 ATW1 配电箱，单击其上方的悬浮球，如图 4-103 所示。

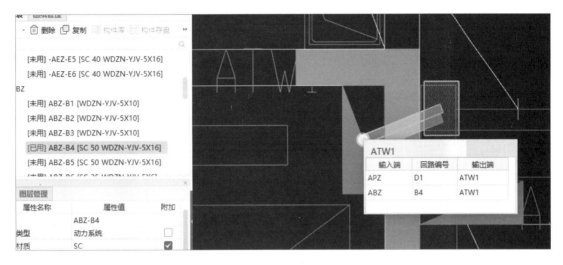

图 4-103　ATW1 配电箱的 D1 和 B4 双电源进线回路信息

②双击 B4 回路，即可完成对整条回路的选中，单击鼠标右键"明细工程量"对 ABZ-B4回路的跨层工程量进行检查，如图 4-104 所示。

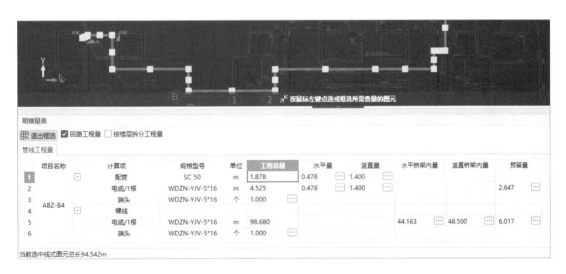

图 4-104　ABZ-B4 回路的工程量明细

举一反三，其他的系统布线回路均可使用此方法进行检查。

4.1.4　动力零星的工程量统计

1. 业务分析

本节讲解的动力配电系统零星内容主要有电缆端头、T 型电缆分支器、穿楼板的防火堵洞及桥架的支架。

计算规则依据：

从《通用安装工程工程量计算规范》GB 50856—2013 中可知，计算电缆端头、电缆头按数量计算（表 4-7），实际业务中电缆在进出配电箱时需要进行电力电缆头的制作以及安装工作。

电缆端头等零星构件的清单计算规则   表 4-7

项目编码	项目名称	项目特征	计量单位	工程量计算规则	工作内容
030408006	电力电缆头	1.名称 2.型号 3.规格 4.材质、类型 5.安装部位 6.电压（kV）	个	按设计图示数量计算	1.电力电缆头制作 2.电力电缆头安装 3.接地
030408007	控制电缆头	1.名称 2.型号 3.规格 4.材质、类型 5.安装方式			
030408008	防火堵洞	1.名称 2.材质 3.方式 4.部位	处	按设计图示数量计算	安装
030408009	防火隔板		m²	按设计图示尺寸以面积计算	
030408010	防火涂料		kg	按设计图示尺寸以质量计算	
030408011	电缆分支箱	1.名称 2.型号 3.规格 4.基础形式、材质、规格	台	按设计图示数量计算	1.本体安装 2.基础制作、安装

注：电缆穿刺线夹按电缆头编码列项

2. 软件处理

（1）电缆头的工程量统计

电缆进入配电箱时才会统计该工程量，如一根电缆导管一端与配电箱相连，软件计算的线缆端头数量为 1（个）电缆头，一条回路两端均连接配电箱则计算 2（个）电缆头，如图 4-105 所示。

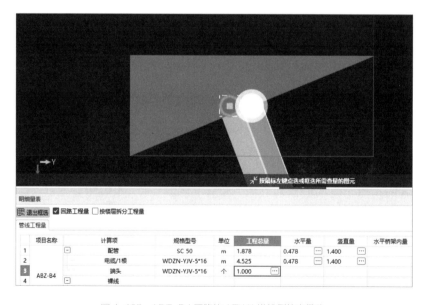

图 4-105 ABZ-B4 回路的 ATW1 进线侧的电缆头

电缆头计算注意事项：

软件生成电缆头的原则为对应立管在配电箱的图例框内，对于桥架内的线缆也是一样的，因此要尽量保证桥架的矩形框在配电箱的图例框内。

（2）T 型电缆分支器的工程量统计

从业务原理上，T 型电缆分支器与电缆穿刺线夹类似，在软件中可使用"穿刺线夹"进行变通处理，具体操作步骤如下：

1）导航栏切换到电气→零星构件（电）→新建穿刺线夹，如图 4-106 所示。

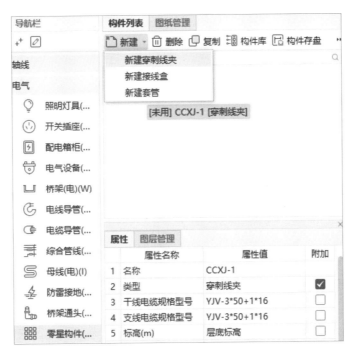

图 4-106　新建穿刺线夹

2）根据工程图纸信息，修改穿刺线夹的干线电缆规格型号及支线电缆规格型号，名称和类型也可进行细分，如图 4-107 所示。

图 4-107　补充完善 T 型电缆分支器属性信息

3）结合竖向干线系统图可知，T 型电缆分支器布置在单元电井内，如图 4-108 所示。

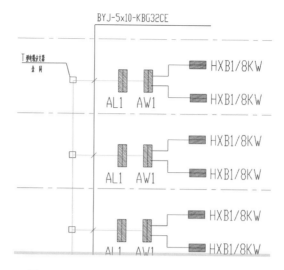

图 4-108　竖向干线系统图中 T 型电缆分支器的设置

　　在平面图中，使用"点"绘制功能，将刚刚建立好的 T 型电缆分支器点布置在一层一单元的电井内，如图 4-109 所示。

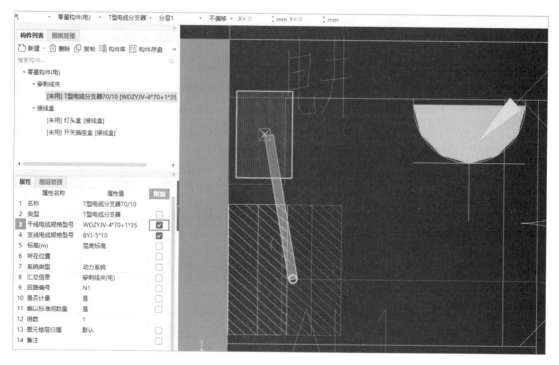

图 4-109　"点"布置 T 型电缆分支器

　　4）结合"复制图元到其他层"功能即可完成 T 型电缆分支器布置算量工作。

　　（3）防火堵洞的工程量统计

　　软件中没有专门的防火堵洞构件，如果想把三维模型体现到工程中，可以采用构件替代的方式，如用"套管"替代"防火堵洞"进行绘制。具体操作步骤为：新建防火堵洞→

修改属性信息→"点"功能绘制。

1）新建防火堵洞：切换到"零星构件"界面，新建套管。

2）修改属性信息：修改名称、类型、规格等信息。穿桥架堵洞类型选为"矩形套管"，穿圆形管道类型则选为"套管"，如图 4-110 所示。

图 4-110　新建防火堵洞

3）"点"功能绘制：在平面图上找到防火堵洞所在的位置，选择相应的构件，直接"点"功能绘制，如图 4-111 所示。

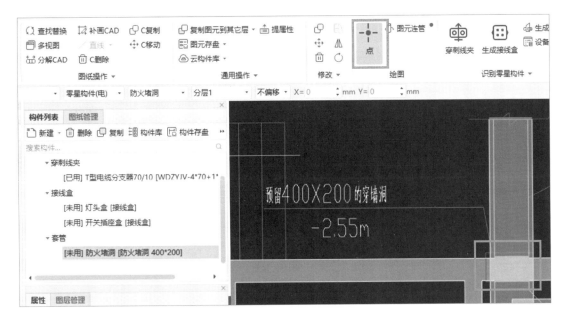

图 4-111　绘制防火堵洞

（4）桥架支架的工程量统计

桥架在安装过程中需要支架进行固定，通常先计算单个桥架支架的重量，根据桥架的长度以及设计的间距统计支架的数量，两者相乘得出桥架支架的重量。

建立桥架时在属性中输入"支架间距"即会自动根据桥架长度计算支架数量，以支架间距1500mm为例，对应支架数量如图4-112所示。

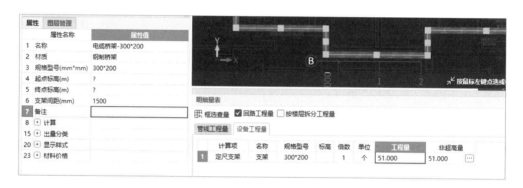

图4-112　桥架支架的数量示意

动力配电系统整体计算流程图以及每个阶段的注意事项如图4-113所示。

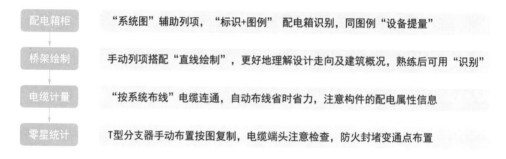

图4-113　动力配电系统算量流程及注意事项

4.2　照明系统工程量计算

照明系统通常是指给照明设备供电的线路，其通常要计算的工程量如图4-114所示。

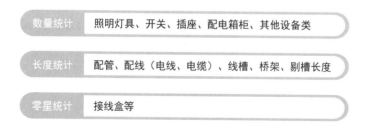

图4-114　照明系统需要计算的工程量

4.2.1　照明灯具、开关插座及接线盒的工程量统计

1. 业务分析

（1）计算规则依据

从《通用安装工程工程量计算规范》GB 50856—2013可以看出，灯具统计工程量时需

要区分不同的名称、规格等按数量进行统计，如表 4-8 所示。

常见的灯具、开关、插座的清单计算规则　　　　　　　　　　　　表 4-8

项目编码	项目名称	项目特征	计量单位	工程量计算规则	工作内容
030412001	普通灯具	1. 名称 2. 型号 3. 规格 4. 类型	套	按设计图示数量计算	本体安装
030412002	工厂灯	1. 名称 2. 型号 3. 规格 4. 安装形式			
030412003	高度标志（障碍）灯	1. 名称 2. 型号 3. 规格 4. 安装部位 5. 安装高度			
030412004	装饰灯	1. 名称 2. 型号 3. 规格 4. 安装形式			
030412005	荧光灯				
030412006	医疗专用灯	1. 名称 2. 型号 3. 规格			
030404034	照明开关	1. 名称 2. 材质 3. 规格 4. 安装方式	个	按设计图示数量计算	1. 本体安装 接线
030404035	插座				

（2）分析图纸

机电安装图纸平面图中的设备主要为位置示意，因此统计数量需要参考主要设备材料表。从材料表中可以看到配电箱、开关、插座等设备的名称、图例信息、规格型号以及距地高度（图 4-115），距地高度影响立管的工程量，所以算量工作中要根据实际情况调整。

主要设备材料表

序号	图例	名称	型号及规格		备注
1		照明、动力配电箱	见系统图		见系统图
2		双电源配电箱	见系统图		见系统图
3		空调电源开关箱	见系统图		明装 距地1.5米
4		户内多媒体信息箱	HIB-22A(300x250x120)		暗装 距地0.3米
5		单、双、三联单控开关	型号自选	10A 250V	暗装 距地1.3米
6		声光控节能自熄开关	型号自选	10A 250V	暗装 距地1.3米
7		普通二三眼插座	型号自选　安全型插座	10A 250V	暗装 距地0.3米
8		卫生间插座 洗衣机插座	型号自选(防溅安全型)	10A 250V	暗装 距地1.3米
9		空调插座	型号自选　安全型插座	10A 250V	暗装 距地2.2米
10		厨房插座	型号自选(防溅安全型)	10A 250V	暗装 距地1.3米

图 4-115　主要设备材料表

从平面图中可以看到配电箱、开关、插座等的具体位置，需要特别注意平面图中是否有特殊说明，如某工程在平面图中，注明了简易洗消间的插座与材料表中给定的普通插座标高不同，为距地 1.5m，此类信息一般不会在材料表中注明，实际工程中要注意修改，避免遗漏，如图 4-116 所示。

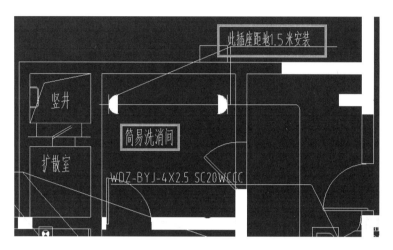

图 4-116　平面图

2. 软件处理

对于照明灯具、开关、插座等点式设备的处理思路与动力箱柜的思路一致（图 4-6），均是列项→识别→检查→提量四步，先进行列项告诉软件需要计算什么，通过识别的方式形成三维模型，识别完成后检查是否存在问题，确认无误后可进行提量。

（1）列项

1）照明灯具、开关、插座等点式设备可通过"新建"功能手动列项，这是软件中最基础的操作，具体操作步骤为：点击"电气专业—照明灯具（电）"→新建→选择构件类型→修改属性信息。

①新建：在构件列表中点击"新建"，选择"新建灯具（只连单立管）"或"新建灯具（可连多立管）"，如图 4-117 所示。

图 4-117　新建灯具的位置示意

②修改属性信息：可结合设备材料表，用"提属性"功能辅助，按需修改名称、类型、规格型号、可连立管根数、标高等信息，如图 4-118 所示。

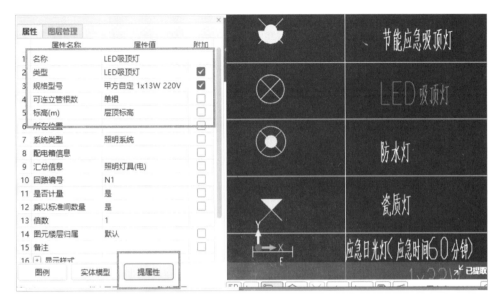

图 4-118　借助提属性修改快速列项

新建时注意事项：选择"只连单立管"，后期识别管道时只生成一根立管；选择"可连多立管"，则会根据此处 CAD 水平线端头数量生成对应根数的立管，如图 4-119 所示。

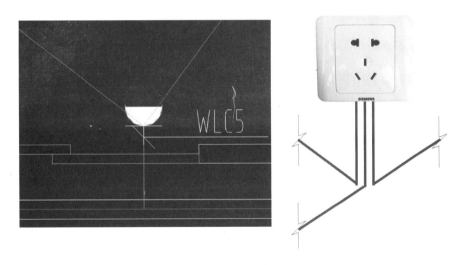

图 4-119　"可连多立管"生成示例

后期对于立管根数有调整需求时，可连立管根数作为蓝色字体的公有属性，在修改时可直接进行修改，软件会根据水平管与灯具设备连接的情况调整所连接的立管根数。

2）点式设备主要信息集中在材料表中，软件可通过"材料表"功能实现批量列项。

具体操作步骤为：切换图纸到材料表所在图纸→点击照明灯具（电）→"识别照明灯具"功能包→"材料表"功能→拉框选择→调整信息。

①点击"材料表"功能，拉框选择 CAD 图纸中的材料表，被选中部分会变为蓝色，单击鼠标右键确定，如图 4-120 所示。

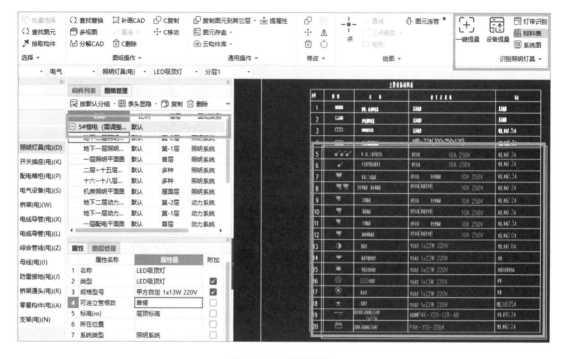

图 4-120　材料表识别

②选择对应列：在弹出的"选择对应列"窗口，在第一行空白部分下拉选择，使之与本列内容对应，如"设备名称列""规格型号列"。将每列项相关的信息如"设备名称""类型""规格型号""标高""对应构件"通过对应的方式快速提取到软件中，如果之前进行了手动列项，材料表中再次提取相关内容，可选择勾选"如果存在同名构件则覆盖原有属性"，如图 4-121 所示。

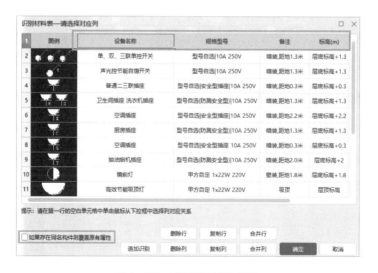

图 4-121　材料表信息修改完善

③在修改设备名称属性无误后，可复制"设备名称"列，指定其属性为"类型"列，如图 4-122 所示。

图 4-122　复制"设备名称"列，将名称与类型属性进行统一

完善其他算量相关的属性，如标高，检查"标高"是否和材料表中信息匹配，如果不匹配，手动双击对应的信息进行调整。另外，识别材料表时"对应构件"列是什么，材料表识别完成后，该构件就归属到软件中哪种构件类型下。

④所有构件调整完成后，点击"确定"，材料表识别完成。

实际工程中可以用材料表批量列项，搭配手动列项补充材料表不包含的部分内容完成列项工作。

（2）识别

照明灯具、开关插座等需要统计数量的均可以通过"设备提量"功能完成，它可以将相同图例的设备一次性识别出来，从而快速完成数量统计。具体操作步骤为：点击"设备提量"→选中需要识别的 CAD 图例→选择要识别成的构件 → 点击"确认"。

触发"设备提量"功能，选中需要识别的 CAD 图例：点选或者拉框选择要识别的灯具图例及标识（无标识可不选），被选中的灯具呈现蓝色，单击鼠标右键确认，弹出"选择要识别成的构件"窗体，在之前建立的构件列表中选择对应的构件名称，如图 4-123 所示。

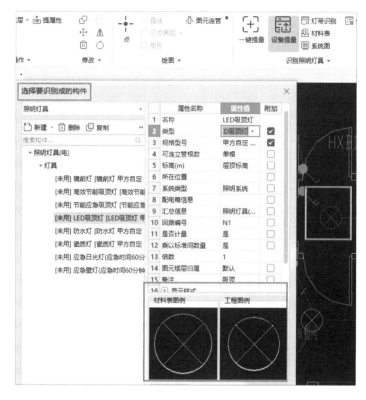

图 4-123　设备提量选择要识别的构件（右侧 CAD 图例蓝色选中）

　　设备提量注意事项："设备提量"功能可以一次性识别全部或者部分楼层，通过"选择楼层"即可实现，如图 4-124 所示。

图 4-124　设备提量"选择楼层"

◆ 应用小贴士：

非 CAD 块设备的提量顺序：先繁后简，先识别带标识的、线条多的，再识别简单的。如果均为非块图元（图 4-125），按照上述原则识别开关时需要先识别双联开关，再识别单联开关。识别插座时需要先识别带标识的空调插座，再识别普通插座。

图 4-125　非块图元识别顺序，先繁后简原则

（3）检查及提量

灯具、开关、插座等均可直接双击需要检查的构件列表，完成对当前层点式构件的数量选择，同时检查其工程量，如图 4-126 所示。

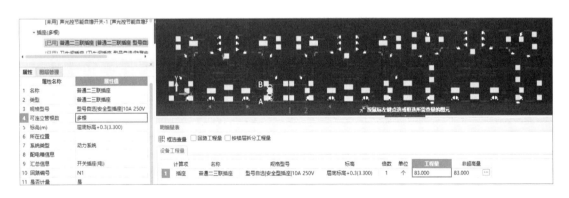

图 4-126　双击构件列表检查普通二、三联插座数量示意

4.2.2　照明配电箱的工程量统计

照明配电箱的列项→识别→检查→提量与动力配电箱并无区别，仍可使用"系统图"功能对配电箱进行列项。工程中有时两个配电箱为同一系统图（如 HXB 和 HXB'配电箱），软件会对其进行拆分，按两个配电箱分别进行列项处理（图 4-127），列项完成后再使用"配电箱识别"功能进行识别。

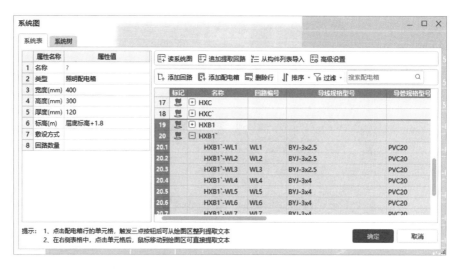

图 4-127　户内箱的系统图列项示意

4.2.3　照明系统管线工程量统计

1. 业务分析

（1）计算规则依据

从《通用安装工程工程量计算规范》GB 50856—2013 可以看出，配管、线槽、桥架与动力系统没有区别，均按设计图示尺寸以长度计算。配线，主要指电线按设计图示尺寸以单线长度计算，并且考虑预留长度，如配线进入各种开关箱、柜、板的预留长度为宽＋高，也就是配电箱的盘面尺寸，具体要求如表 4-9、表 4-10 所示。

配线的清单计算规则

表 4-9

项目编码	项目名称	项目特征	计量单位	工程量计算规则	工作内容
030411004	配线	1. 名称 2. 配线形式 3. 型号 4. 规格 5. 材质 6. 配线部位 7. 配线线制 8. 钢索材质、规格	m	按设计图示尺寸以单线长度计算（含预留长度）	1. 配线 2. 钢索架设（拉紧装置安装） 3. 支持体（夹板、绝缘子、槽板等）安装

配线的预留长度计算规则

表 4-10

序号	项目	预留长度（m）	说明
1	各种开关箱、柜、板	高＋宽	盘面尺寸
2	单独安装（无箱、盘）的铁壳开关、闸刀开关、启动器、线槽进出线盒等	0.3	从安装对象中心起算
3	由地面管子出口引至动力接线箱	1.0	从管口计算
4	电源与管内导线连接（管内穿线与软、硬母线接点）	1.5	从管口计算
5	出户线	1.5	从管口计算

（2）分析图纸

由配电箱系统图可知具体的回路信息，可以了解回路名称、配管配线规格型号、敷设方式等，如图 4-128 所示。

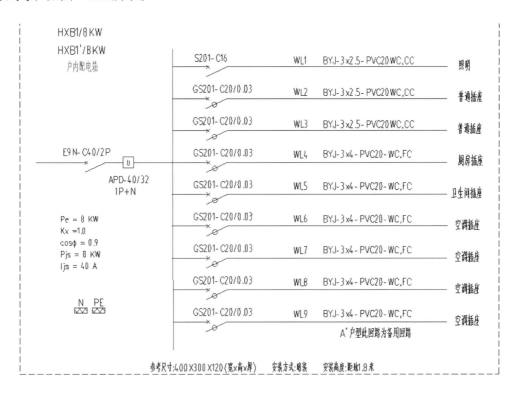

图 4-128 配电箱系统图

2. 软件处理

照明系统管线工程量统计的思路仍然是列项→识别→检查→提量，列项工作已在配电箱系统图中完成，可以直接进行识别，可以采用"单回路"功能。"单回路"功能可以一次性识别完同一回路的管线，包括桥架内管线也一并计算（快捷键为"+"），功能触发后如图 4-129 所示。

图 4-129 "单回路"功能位置及触发后的功能指引

1）插座回路的识别

具体操作步骤为：单击鼠标左键选择 CAD 线→单击鼠标左键选择回路编号→单击鼠标右键确认回路信息→点击"确定"生成回路。

①触发"单回路"功能，选择 CAD 线，选择完成后再选择回路编号，如图 4-130 所示。

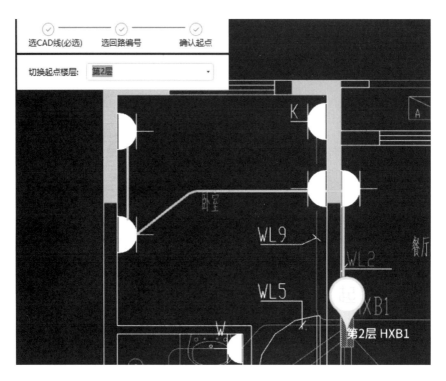

图 4-130   HXB1 配电箱的 WL2 回路的单回路识别状态

②确定回路起点、回路编号、回路路线均没有问题后，单击鼠标右键确认后弹出回路信息窗体，如图 4-131 所示。

图 4-131   单回路—回路信息，HXB1-WL2 回路示意

③检查回路名称及编号，可通过导线根数的三点按钮进行整体路径的反查校核，平面图标记"无"对应无底图CAD的标识，其对应导线根数为默认构件的导线根数，如图4-132所示。

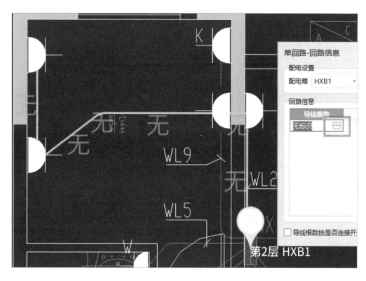

图4-132　单回路三点按钮位置示意及平面图路由示意

④检查无误后可点击"确定"完成回路的识别。完成后"单回路"功能并未退出，可依次完成其余回路的识别工作。

2）照明回路的识别

照明回路受开关控制关系的影响，其导线根数会发生变化，具体步骤为：

使用"单回路"功能对照明平面图的回路CAD线及回路编号进行提取，如图4-133所示。

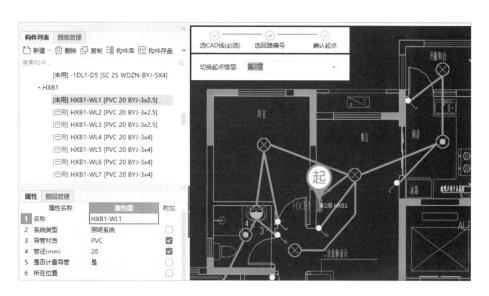

图4-133　照明平面图WL1回路的单回路提取示意

由平面图可以知道，WL1回路连接有单联单控开关、双联单控开关以及CAD线上标注4根的导线穿线管，单击鼠标右键确认后可以看到"单回路"功能已根据开关类型及CAD线的标注对导线根数进行拆分，如图4-134所示。

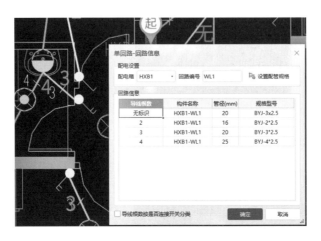

图4-134　"单回路"功能根据开关及底图拆分的导线根数信息

◆ 应用小贴士：

1. 关于"单回路"功能的起点，当CAD线直接与配电箱相连的时候，起点默认为所连接的配电箱。当所计算的回路为配电箱→桥架→配管的情况，可以指定单回路的起点为连接配电箱的桥架所在位置，正确指定可以实现回路内外一次性计算到位。

2. 回路识别功能对标识判断的原则有两个，一类为CAD线上自带的标识如"3/4/5…"，另一类为对开关的名称和类型进行判断，比如单联单控开关按2根线计算，三联单控开关按4根线计算，即使没有标识也可以正确计算根数。因为有导线根数的判断，所以注意不要把插座识别成开关的类别。

4.2.4　接线盒的工程量统计

1. 业务分析

计算规则依据：

从《通用安装工程工程量计算规范》GB 50856—2013可以看出，接线盒是按数量进行统计的，注意需要区分接线盒的材质，如表4-11所示。

清单计算规则　　　　　　　　　　　　　表4-11

项目编码	项目名称	项目特征	计量单位	工程量计算规则	工作内容
030411006	接线盒	1.名称 2.材质 3.规格 4.安装形式	个	按设计图示数量计算	本体安装

注：配线保护管遇到下列情况之一时，应增设管路接线盒和拉线盒：（1）管长度每超过30m，无弯曲；（2）管长度每超过20m，有1个弯曲；（3）管长度每超过15m，有2个弯曲；（4）管长度每超过8m，有3个弯曲。垂直敷设的电线保护管遇到下列情况之一时，应增设固定导线用的拉线盒：（1）管内导线截面为50mm²及以下，长度每超过30m；（2）管内导线截面为70～95mm²，长度每超过20m；（3）管内导线截面为120～240mm²，长度每超过18m。在配管清单项目计量时，设计无要求时上述规定可以作为计量接线盒、拉线盒的依据

2. 软件处理

对于接线盒的统计需要采用"生成接线盒"功能，具体操作步骤为：切换到"零星构件（电）"→"生成接线盒"→新建接线盒→修改属性信息→选择图元→"确定"生成。

①触发"生成接线盒"功能：可根据灯具、开关、插座、导管长度，一次性将所有接线盒全部生成，也可根据设备选择的不同分别生成灯头盒、开关盒、接线盒。功能位置如图 4-135 所示。

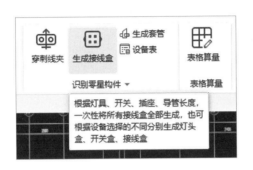

图 4-135　生成接线盒功能位置示意

②新建接线盒→修改属性信息：新建接线盒时要注意修改名称、类型、规格等信息。建议名称上直接做区分，如命名为灯头盒、开关盒等，如图 4-136 所示。

图 4-136　新建接线盒，完善其属性信息

③选择图元：生成接线盒功能可以同时完成灯具、开关插座、配管上接线盒的生成，因为要区分不同的类型和材质，所以需要选择生成的图元。如要生成灯头盒，则选择图元的时候只勾选"照明灯具（电）"（图4-137）；如要生成开关盒，则只需勾选"开关插座（电）"即可。

图4-137　选择需要生成接线盒的图元

"生成接线盒"注意事项：对于配管上接线盒的生成原则，软件是按照上述清单规则进行的内置，如果图纸设计说明有不同于清单规则的其他要求，可根据实际自行调整计算设置，如图4-138所示。

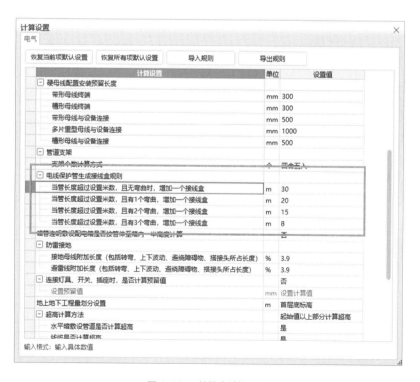

图4-138　接线盒计算设置

4.2.5　标准层的工程量统计

工程中经常出现标准层，此类情况可以先完成某一层的识别，然后其他楼层使用"复制图元到其他层"进行快速复制，功能位置如图 4-139 所示。

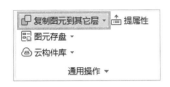

图 4-139　"复制图元到其他层"功能位置

具体操作步骤为：打开跨类型选择→框选或点选需要复制的内容→勾选需要复制的楼层→点击"确定"。

1）打开跨类型选择：打开跨类型选择才可以同时选择管线及设备，否则只能选择一类图元。

2）框选需要复制的内容：拉框选择想要复制的图元，如遇到非层层都有的内容先不选择，需要单独在其楼层进行识别。

3）勾选需要复制的楼层：勾选哪些楼层，则刚才选中的图元就复制到哪些楼层。

4）对于跨层的立管，可使用"布置立管"功能进行处理。

4.3　防雷接地系统工程量计算

防雷接地系统是指当建筑受到雷电袭击时，通过组成拦截、疏导最后泄放入地的一体化系统，主要分为防雷和接地两个部分。本节分为外部防雷和内部防雷进行讲解。

4.3.1　业务分析

1. 需要计算的工程量

（1）外部防雷：直击雷的防护，由上向下主要计算：

1）接闪器：避雷针、避雷带（设置在屋顶，防直击雷）。

2）引下线。

3）均压环：高层建筑中防侧击雷。

4）外墙钢铝窗和楼梯栏杆接地。

5）防雷测试箱。

6）接地母线。

7）接地极。

（2）内部防雷：在受到雷电袭击（直击、感应或线路引入）时，保证用电设备的正常工作和人身安全而采取的一种用电措施。此部分主要计算：

1）总等电位端子箱（变、配电室）。

2）局部等电位箱（卫生间）。

3）接地跨接线（管道、桥架穿越伸缩缝等地）。

4）浪涌保护器 -SPD（一般随配电箱成套配置）。

5）等电位连接线（扁钢、BVR 导线等）。

2. 分析图纸

防雷接地的图纸一定要结合设计说明与平面图的文字说明进行查看，对应关系如图 4-140 所示。

图 4-140　防雷接地图纸

3. 计算规则依据

从《通用安装工程工程量计算规范》GB 50856—2013 可以看出，统计工程量时主要是区分不同的名称、规格等按数量或者长度进行统计，如表 4-12、表 4-13 所示。

清单计算规则—防雷接地　　　　　　　　　　表 4-12

项目编码	项目名称	项目特征	计量单位	工程量计算规则	工作内容
030409001	接地极	1. 名称 2. 材质 3. 规格 4. 土质 5. 基础接地形式	根（块）	按设计图示数量计算	1. 接地极（板、桩）制作、安装 2. 基础接地网安装 3. 补刷（喷油漆）
030409002	接地母线	1. 名称 2. 材质 3. 规格 4. 安装部位 5. 安装形式			1. 接地母线制作、安装 2. 补刷（喷油漆）
030409003	避雷引下线	1. 名称 2. 材质 3. 规格 4. 安装部位 5. 安装形式 6. 断接卡子、箱材质、规格	m	按设计图示尺寸以长度计算（含附加长度）	1. 避雷引下线制作、安装 2. 断接卡子、箱制作、安装 3. 利用主钢筋焊接 4. 补刷（喷）油漆
030409004	均压环	1. 名称 2. 材质 3. 规格 4. 安装形式			1. 均压环敷设 2. 钢铝窗接地 3. 柱主筋与圈梁焊接 4. 利用圈梁钢筋焊接 5. 补刷（喷）油漆
030409005	避雷网	1. 名称 2. 材质 3. 规格 4. 安装形式 5. 混凝土块强度等级			1. 避雷网制作、安装 2. 跨接 3. 混凝土块制作 4. 补刷（喷）油漆

续表

项目编码	项目名称	项目特征	计量单位	工程量计算规则	工作内容
030409006	避雷针	1. 名称 2. 材质 3. 规格 4. 安装形式、高度	根	按设计图示数量计算	1. 避雷针制作、安装 2. 跨接 3. 补刷（喷）油漆
030409008	等电位端子箱、测试板	1. 名称 2. 材质 3. 规格	台（块）	按设计图示数量计算	本体安装

清单计算规则—接地母线、引下线、避雷网附加长度 表 4-13

项目	附加长度	说明
接地母线、引下线、避雷网附加长度	3.9%	按接地母线、引下线、避雷网全长计算

4.3.2 软件处理

防雷接地工程量统计时涉及的列项问题，软件可在导航栏"防雷接地（电）"集中处理，点击"新建"，按照《建设工程工程量清单计价规范》GB 50500—2013（以下简称 13 清单）的要求已经对防雷接地常见的构件进行分类和罗列，可根据自身的算量需求选择相应的构件，结合相关功能识别或绘制图元即可，如图 4-141 所示。

图 4-141　防雷接地（电）的新建下拉菜单

1. 接闪器部分工程量统计

接闪器是直接或间接接受雷击的金属构件，主要包括避雷针、避雷带（网）、架空地线及用作接闪的金属屋面等。

（1）避雷网

避雷网置于建筑物顶部，一般采用圆钢，需要注意安装形式，如沿支架敷设、沿混凝土块敷设。需要注意区分不同的方式进行工程量的统计。一般平面图中会把不同部位避雷网的安装方式用标注的形式进行区分说明，算量时也要注意区分，如图4-142所示。

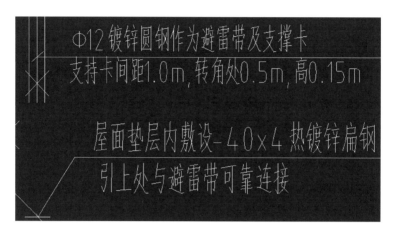

图4-142 屋面防雷平面图中的避雷网说明

避雷网的建模顺序与上文一致，列项→识别→检查→提量。

1）列项

在构件列表"新建"，选择"新建避雷网"（图4-143）。根据图4-142中的设计信息补充完善避雷网的"名称：Φ12镀锌圆钢避雷带""类型：避雷网""材质：镀锌圆钢""规格型号：Φ12""起点标高""终点标高"等属性也据实调整。

屋面的圆钢避雷带一般装在女儿墙的上方，上人屋面女儿墙高度一般不得低于1.1m，最高不得大于1.5m，按工程情况进行调整即可。

图4-143 新建避雷网以及完善避雷网的属性

2）识别/绘制

识别使用"回路识别"功能，可根据CAD线连接走向，自动判断该回路，并生成相应的回路图元，功能位置如图4-144所示。

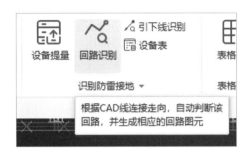

图 4-144 "回路识别" 功能位置及说明

具体操作步骤为：点击 "回路识别" 功能→选中代表避雷网的 CAD 线→单击鼠标右键
"选择构件" 选择对应避雷网构件→点击 "确认"。识别效果及工程量如图 4-145 所示。

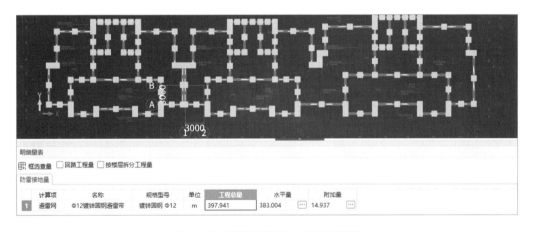

图 4-145　回路识别后的双击构件列表检查

回路识别注意事项：实际工程中会遇到高度连续变化的情况，如不同位置女儿墙高度
不同，则需按照建筑结构图分别调整避雷网的标高。软件会根据相应高度差自动生成立管。
具体操作步骤为：选中要修改标高的避雷网图元→调整属性窗口中的标高值，如图 4-146、
图 4-147 所示。

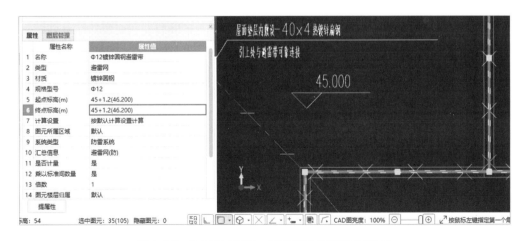

图 4-146　选中避雷网构件，根据实际高度修改避雷网标高

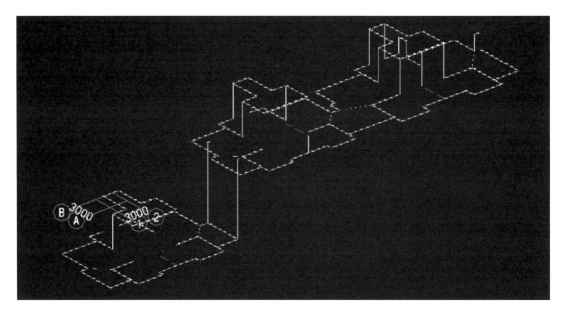

图 4-147 修改标高后的避雷网三维效果图

对于屋面垫层内敷设的 −40×4 热镀锌扁钢，绘制时使用"直线"绘制功能，按照
CAD 图进行描图绘制。列项的构件建立操作与圆钢避雷带一致，绘制效果如图 4-148 所示。

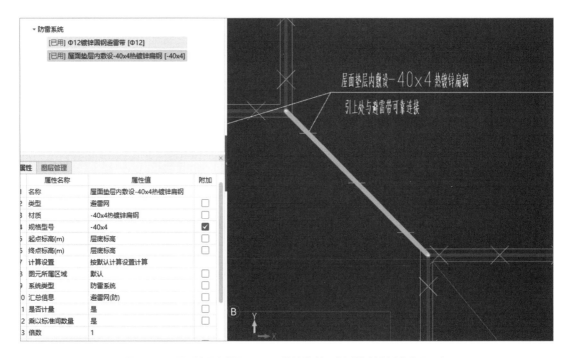

图 4-148 屋面垫层内敷设 −40×4 热镀锌扁钢"直线"绘制后的效果示意

为方便区分两种避雷带，可以调整属性设置中的"显示样式"→"填充颜色"进行视
觉上的区分调整。属性位置如图 4-149 所示。

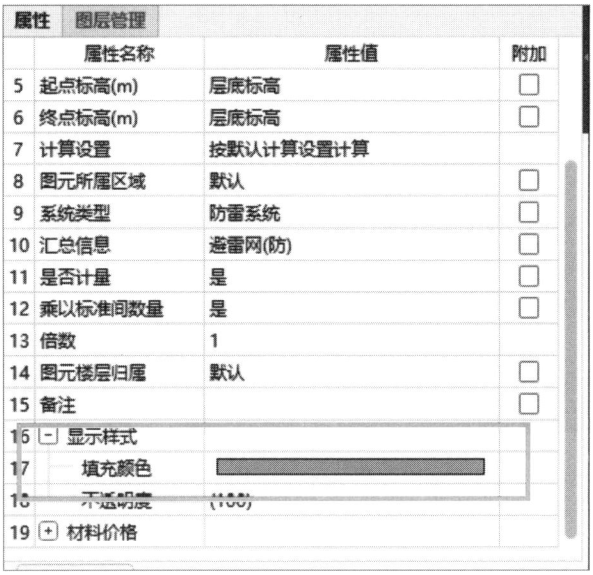

	属性名称	属性值	附加
5	起点标高(m)	层底标高	☐
6	终点标高(m)	层底标高	☐
7	计算设置	按默认计算设置计算	
8	图元所属区域	默认	☐
9	系统类型	防雷系统	☐
10	汇总信息	避雷网(防)	☐
11	是否计量	是	☐
12	乘以标准间数量	是	☐
13	倍数	1	
14	图元楼层归属	默认	☐
15	备注		☐
16	− 显示样式		
17	填充颜色		
18	不透明度	(100)	
19	+ 材料价格		

图 4-149 属性中修改颜色的功能位置示意

◆ 应用小贴士：

1. 关于附加长度的计算

避雷网在统计工程量时会自动按照计算规则计算附加长度。计算公式为：避雷网全长 + 避雷网全长 ×3.9%= 避雷网全长 ×1.039，如图 4-150 所示。

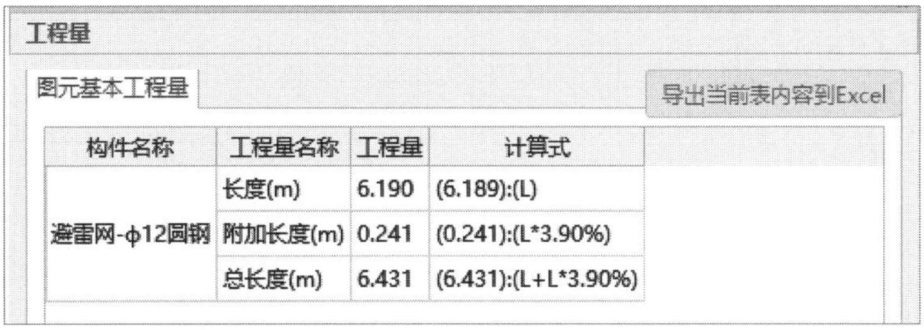

工程量

图元基本工程量　　导出当前表内容到Excel

构件名称	工程量名称	工程量	计算式
避雷网-φ12圆钢	长度(m)	6.190	(6.189):(L)
	附加长度(m)	0.241	(0.241):(L*3.90%)
	总长度(m)	6.431	(6.431):(L+L*3.90%)

图 4-150 附加长度的计算式示意

2. 坡屋面的避雷网绘制

遇到坡屋面时可先识别绘制好，之后选中坡上的避雷网调整相应起点标高与终点标高，即可实现坡屋面上避雷网的绘制。

2. 避雷引下线工程量统计

（1）避雷引下线

避雷引下线是将雷电流从接闪器传导至接地装置的导体。从避雷针或屋顶避雷网向下沿建筑物、构筑物和金属构件引下的导线，一般采用扁钢或圆钢作为引下线。目前图纸大多利用柱主筋做引下线，与基础钢筋网焊接形成一个大的接地网，如图 4-151 所示。

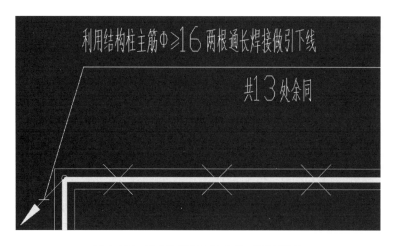

图 4-151　屋面防雷平面图中的引下线图纸说明

注：利用柱筋做引下线的，需描述柱筋焊接根数，注意当地引下线定额关于根数以及钢筋直径的要求。

（2）避雷引下线统计

13 清单规则下的工程量计算 =［女儿墙顶标高～基础底标高（包含筏板基础高度）］×（1+3.9%）。

避雷引下线的统计可采用"布置立管""引下线识别"两个功能。

1）布置立管：一根根的布置引下线。功能操作与前文一致。具体操作步骤为：列项"新建避雷引下线"→点击"布置立管"功能→调整"底标高"与"顶标高"→在图纸对应位置点击绘制，如图 4-152 所示。

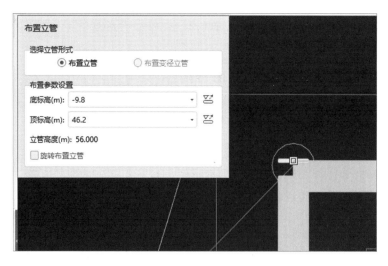

图 4-152　调整"布置立管"标高布置示意

2）引下线识别：选择一个避雷引下线图例，可在图纸中相同图例所在位置生成避雷引下线，是一个依次批量识别引下线的功能。具体操作步骤为：触发引下线识别→选择引下线的图例箭头后单击鼠标右键确认→在弹出的"选择构件"窗体中选择刚刚建立好的引下线构件（图 4-153），点击"确定"→在弹出的"立管标高设置"窗体中按照避雷网高度调整引下线的起点和终点标高，如图 4-154 所示。

图 4-153　引下线识别的"选择构件"窗体以及引下线的属性信息

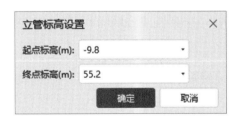

图 4-154　定义引下线的标高信息

◆ 应用小贴士：

1. 部分地区定额中引下线不需要计算 3.9% 的附加长度，可通过调整对应构件的计算设置实现，将 3.9% 的附加长度改为 0 即可。需要注意的是：因为属性中计算设置是私有属性，所以要选中图元再修改或者修改之后再绘制，如图 4-155 所示。

图 4-155   调整附加长度为 0 的位置

修改前后附加长度计算的对比如图 4-156 所示。

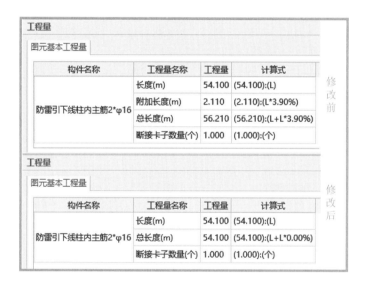

图 4-156   计算设置中附加长度修改的前后对比图

2. 组价中要注意当地定额对于引下线的说明，利用建筑结构钢筋作为接地引下线的安装定额通常是按照每根柱子内焊接两根主筋编制的，当焊接主筋超过两根时，可按照比例调整定额安装费（因各地定额略有不同，实际情况以当地定额为准）。

3. 均压环工程量统计

（1）均压环的作用：当建筑物过高时，利用圈梁钢筋或另设一根扁钢或圆钢于圈梁内做均压环，主要是防止侧击雷对建筑造成破坏。

（2）均压环算量注意事项：均压环在设计说明中会有起始楼层、间隔楼层，要注意每几层设置一次均压环。例如，高层建筑从 6 层起，每 3 层设一圈均压环，一共 17 层，则 6 层、9 层、12 层、15 层共 4 层敷设。设计说明的描述如图 4-157 所示。

（5）为防止侧击雷，使建筑物成为等电位连接体，建筑物内钢构架和混凝土的钢筋应相互连接，从10层起隔层将结构圈梁中至少两根主筋可靠焊接贯通连接成闭合回路，并应同防雷装置引下线连接。将建筑物首层及以上外墙上栏杆、门窗等较大金属物体直接或通过预埋件与防雷装置可靠连接。

图4-157　关于均压环的设计说明

（3）均压环一般使用最外圈梁结构主筋，在安装图纸中基本不会表示出来，所以建立均压环构件使用"直线"绘制功能沿着建筑外围绘制即可。

对于均压环要间隔对应的楼层分别布置的问题，可通过调整均压环构件属性中的"倍数"来实现快速计算，如图4-158所示。

2	类型	均压环	☐
3	材质	利用圈梁钢筋焊接	☐
4	规格型号		☑
5	起点标高(m)	层底标高	☐
6	终点标高(m)	层底标高	☐
7	图元所属区域	默认	☐
8	系统类型	防雷系统	☐
9	汇总信息	均压环(防)	☐
10	是否计量	是	☐
11	乘以标准间数量	是	☐
12	倍数	4	
13	图元楼层归属	默认	☐

图4-158　修改计算次数

◆　应用小贴士：

1.均压环的工作内容中有一项是钢铝窗接地。一般采用圆钢一端与窗连接，另一端与圈梁主筋连接，计算工程量以"处"为单位。另外，一般设计说明会写明如从45m开始，则需要统计45m往上的钢铝窗，可结合建筑平面图和钢铝窗表共同完成这部分工程量的统计。

2.一般来说定额中防雷均压环是利用建筑物梁内主筋作为防雷接地连接线考虑的，每一梁内按焊接两根主筋编制，当焊接主筋数超过两根时，可按比例调整定额安装费，各地定额可能会有差异，具体细节需看当地的定额章节说明。

4.接地母线工程量统计

（1）接地母线

接地母线采用扁钢或圆钢做接地材料，分为户内与户外，户内接地母线一般沿墙用卡子固定敷设，户外接地母线一般埋设在地下。户内的接地母线敷设要注意安装部位，在配电室的母线会设置在配电室四周，需要计算相应的主材（图4-159），材质为镀锌扁钢，与总等电位箱（MEB）相连。

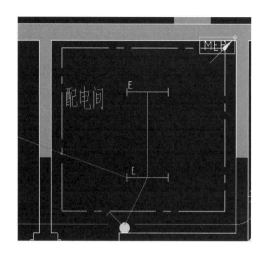

图 4-159　配电间内的接地母线

接地母线的统计直接采用"直线"绘制功能即可。此功能具体操作步骤在前文已经说明，此处不再赘述。软件处理后的布置如图 4-160 所示。

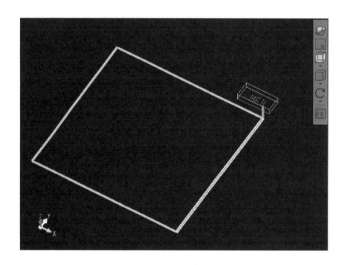

图 4-160　配电间接地母线效果图

（2）利用基础内钢筋做自然接地体

除了配电室的接地母线设置，民用建筑主要是利用基础内钢筋作为自然接地体，依据 13 清单规则按照长度进行计算。这部分工程量也可以采用"直线"绘制功能。

绘制时注意事项：

1）根据设计要求调整构件名称，方便后续不同部位的工程量区分。

2）接地母线借助的是基础内的钢筋，在连接到总等电位端子箱（MEB）时竖向高度要伸入基础钢筋处。

◆　应用小贴士：

部分地区定额计算规则要求接地母线按面积计算，这种情况可以在防雷接地（电）中的"新建筏板基础接地"构件进行绘制。

5. 接地极工程量统计

接地极：由钢管、角钢、圆钢、铜板或钢板制作而成，一般长度为 2.5m，每组 3 ～ 6 根不等，直接打入地下与室外接地母线连接。接地极的图纸呈现如图 4-161 所示。

图 4-161　接地接图纸说明

接地极根据清单要求，结合图纸中的描述写明材质、规格等信息，结合平面图以数量计算。软件中可直接采用"点"功能绘制统计工程量。

6. 等电位端子箱和接地测试点工程量统计

（1）等电位端子箱

等电位端子箱一般有总等电位端子箱（MEB）和局部等电位端子箱（LEB）。软件中采用"点"绘制或者"设备提量"均可。因前面多次讲解，故此处不再赘述。

注意：LEB 箱子下面会有竖向扁钢，连接到当前层底，一般为 –25 × 4，具体规格结合设计要求按相应的长度计算即可。

（2）接地测试点

防雷相关规范中避雷引下线必须与接地网、均压环、避雷网可靠焊接，需要计算焊点，即需要根据对应位置计算有多少处。为了不影响建筑的外观，一般在距地面 0.5m 处设置接地电阻测试点，在算量时直接根据图示数量计取即可。

软件中可通过修改相对应点式构件的名称，结合"设备提量"处理，具体操作此处不再赘述。

第5章　工程量计算—给水排水篇

本章节内容为给水排水专业工程量的计算，主要讲解给水排水专业各类工程量计算的思路、功能、注意事项及处理技巧。

给水排水专业通常需要计算的工程量如图 5-1 所示。

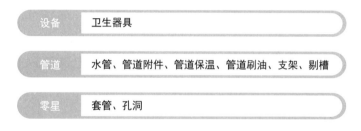

图 5-1　给水排水专业需要计算的工程量

5.1　数量统计

5.1.1　业务分析

1. 计算规则依据

从《通用安装工程工程量计算规范》GB 50856—2013 可以看出，卫生器具统计工程量时需要区分不同的名称、材质、规格类型等按数量进行统计，如表 5-1 所示。

给水排水设备的清单计算规则
　　　　　　　　表 5-1

项目编码	项目名称	项目特征	计量单位	工程量计算规则	工作内容
031004001	浴缸	1. 材质 2. 规格、类型 3. 组装形式 4. 附件名称、数量	组	按设计图示数量计算	1. 器具安装 2. 附件安装
031004002	净身盆				
031004003	洗脸盆				
031004004	洗涤盆				
031004005	化验盆				
031004006	大便器				
031004007	小便器				
031004008	其他成品卫生器具				

2.分析图纸

通常，施工设计图说明中的主要材料设备表（图 5-2），可以查看需要计算的卫生器具的图例、名称、规格型号，以及对应的安装规范图集等。

材料表

图　例	材料名称	规格型号	单位	数量	备　注
⊖	洗手盆		个	32	05S1-32
⬭	坐便器		个	32	05S1-119
◎	地漏	水封深度不小于50mm	个	32	
⊢	检查口		个	54	
▶	冷水表	LXS-20	个	16	
		LXS-40	个	1	
▷◁	阀门	PPR管配套阀门 De25	个	48	
		De50	个	2	

图 5-2　给水排水设备的材料表

某些工程图纸的卫生器具相关信息以设计说明的形式单独列出，如图 5-3 所示。

（六）.卫生设备及附件

1. 大便器:09S304-72,冲洗水量3-6L,洗脸盆:09S304-39,淋浴器:09S304-126,浴盆: 09S304-115,厨房洗涤盆:09S304-33,各卫生器具安装详见国标09S304。

图 5-3　给水排水设备的设计说明

卫生器具所在位置可通过平面图（图 5-4）或给水排水卫生间大样图（图 5-5）进行查看。

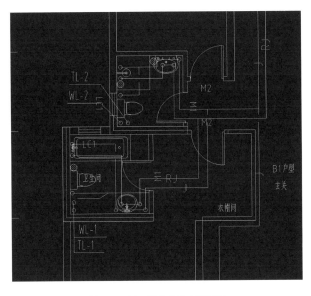

图 5-4　某工程给水排水平面图

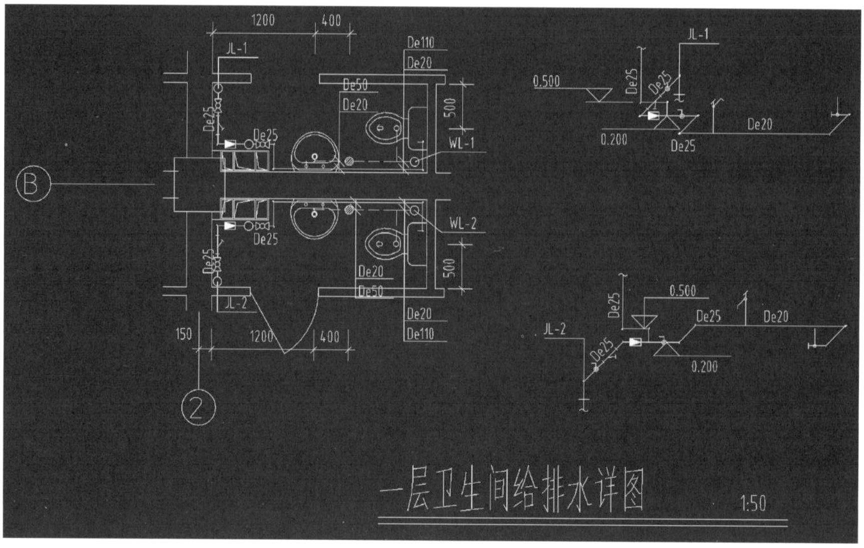

图 5-5　某工程给水排水卫生间大样图

5.1.2　软件处理

1. 软件处理思路

卫生器具软件处理思路同手算思路类似（图 4-6），即列项→识别→检查→提量，先进行列项告诉软件需要计算什么，通过识别的方式形成三维模型，识别完成后检查是否存在问题，确认无误后进行提量。

2. 卫生器具统计

（1）列项

卫生器具的列项可采用"新建"功能，将需要统计数量的卫生器具的参数信息录入软件。具体操作步骤为：构件列表"新建"→"新建卫生器具"→修改属性信息，如图 5-6 所示。

图 5-6　给水排水新建卫生器具

1）导航栏点击"卫生器具"：切换到给水排水专业，在导航栏点击"卫生器具"。

2）新建卫生器具：构件列表点击"新建"，选择"新建卫生器具"。

3）修改属性信息：根据图纸或规范输入卫生器具名称、材质、类型、规格型号等参数信息。

（2）识别

软件中可使用"设备提量"功能快速统计卫生器具工程量，它可以将相同图例的设备一次性识别并建模，从而快速完成数量统计。

"设备提量"具体操作步骤为：点击"设备提量"→选中需要识别的 CAD 图例→选择要识别成的构件→"选择楼层"→点击"确认"。

1）点击"设备提量"：在卫生器具下识别卫生器具功能包中点击"设备提量"，如图 5-7 所示。

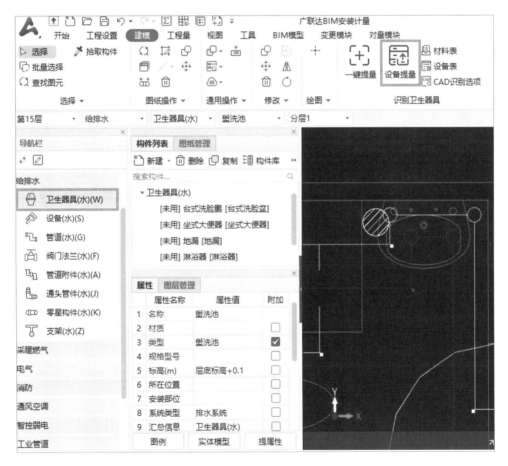

图 5-7　设备提量

2）选中需要识别的卫生器具 CAD 图例：选中后显示蓝色。

3）"选择要识别成的构件"：在已列项的构件中选择需要识别的卫生器具，如图 5-8 所示。

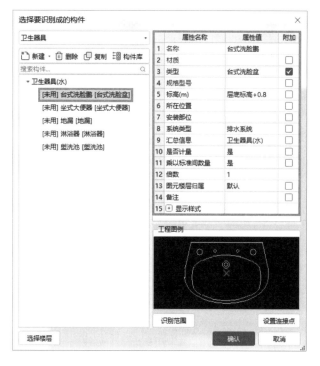

图 5-8　卫生器具选择要识别成的构件

4）"选择楼层"："设备提量"功能可以一次性识别全部或者部分楼层的卫生器具，通过"选择楼层"即可实现。在"选择要识别成的构件"对话框左下角位置点击"选择楼层"，列表中显示的楼层为已分配图纸的楼层，选择卫生器具所在的楼层，点击"确定"，如图 5-9 所示。

图 5-9　选择楼层

5）点击"确认"，识别完毕。

◆ 应用小贴士

当图纸上卫生器具图例为CAD块图元时，可采用"一键提量"，可以一次性进行全楼所有设备的识别，更加快捷，操作方式类似"设备提量"，如图5-10所示。

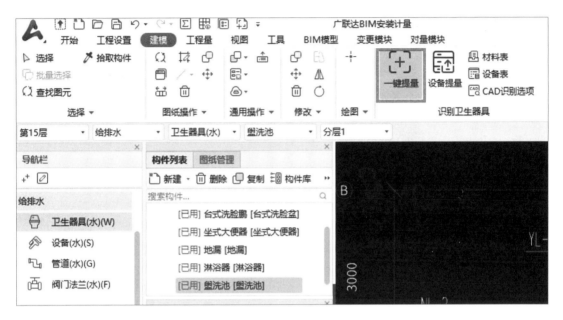

图5-10　一键提量

（3）检查

软件中卫生器具识别后检查的方式有三种："漏量检查""CAD图亮度""构件列表"。

1）"漏量检查"原理：对于没有识别的块图元进行检查。

具体操作步骤：点击"检查/显示"→选择"漏量检查"（图5-11）→图形类型选择设备→点击"检查"→未识别CAD块图元全部被检查出来（图5-12）→双击未识别的图例自动定位到图纸平面图对应位置→点击"设备提量"，对未识别的卫生器具补充识别。

图5-11　漏量检查（一）

图 5-12   "漏量检查"窗体（一）

2）"CAD 图亮度"原理：通过调整 CAD 底图亮度核对图元是否已识别，亮显图元代表已识别，未亮显图元代表未识别，如图 5-13 所示。

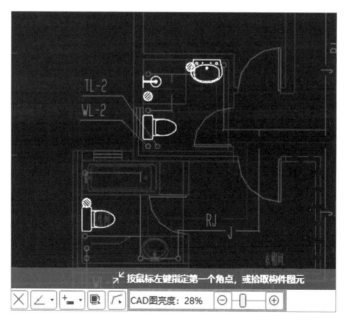

图 5-13   CAD 图亮度（一）

3）"构件列表"：构件名称前缀的"已用"代表该构件已在建模区使用，"未用"代表该构件还没有在建模区使用，可帮助用户初步判断是否遗漏构件，如图 5-14 所示。

图 5-14　构件列表

（4）提量

卫生器具识别完毕，可以使用"图元查量"查看已提取的工程量。

具体操作步骤为：点击"工程量"页签→点击"计算结果"中"图元查量"功能→拉框选择需要查量的范围→图元基本工程量。

1）点击"图元查量"："图元查量"功能在"工程量"页签下，如图 5-15 所示。

图 5-15　图元查量

2）拉框选择需要查量的范围：在绘图区域拉框选择需要查量的范围，即可出现图元基本工程量。

◆　应用小贴士

1. 软件中还提供多种灵活的查量、提量以及检查的功能，例如"明细量表""设备表"。

（1）明细量表：在构件列表中，双击需要查看工程量的构件名称，建模区下方出现"明细量表"窗体，同时设备会在建模区亮显，反查数量，如图 5-16 所示。

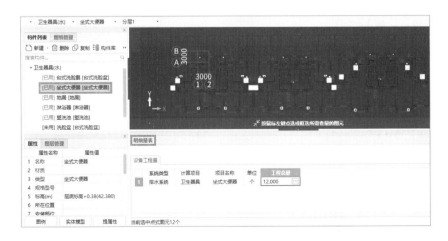

图 5-16　明细量表

（2）设备表：构件识别完成后，点击"设备表"，则可查看所有识别完的构件数量。具体操作步骤：

1）在"识别卫生器具"点击"设备表"，弹出设备表窗口，如图5-17所示。

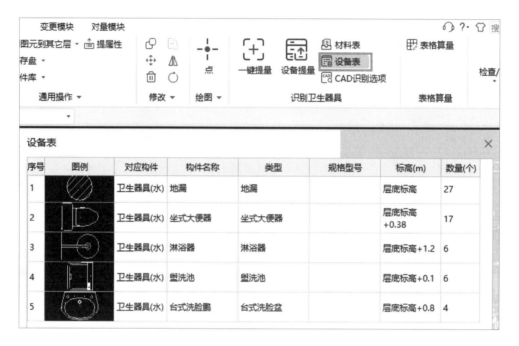

图5-17　设备表

2）双击"数量"单元格，该数值可反查定位至建模区。若该构件只识别了一层，则直接反查定位到图元；若该构件进行了多层识别，则弹出"反查定位"窗口（图5-18），清晰显示每层构件数量，双击"图元"单元格，反查定位对应楼层建模区。

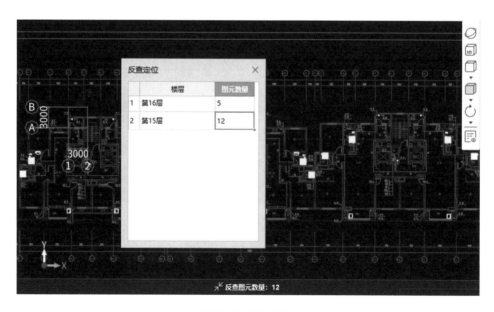

图5-18　反查定位

2. "设置连接点"：识别卫生器具和构件列表中的图例，都可以设置连接点。连接点是指该卫生器具或设备与管相连接的位置，例如给水系统和排水系统可设置不同的连接点位置，通过"设置连接点"可更灵活地控制管道与器具的连接位置，如图 5-19 所示。

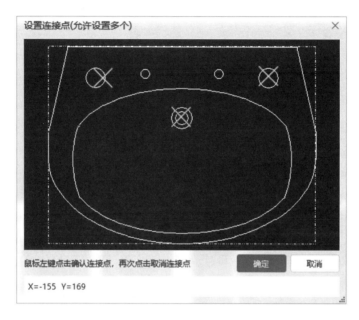

图 5-19　设置连接点

5.2　长度统计

5.2.1　业务分析

1. 计算规则依据

从《通用安装工程工程量计算规范》GB 50856—2013 可以看出，统计给水排水管道工程量时需要区分不同的安装部位、规格、材质、连接形式等按长度进行统计，如表 5-2 所示。

给水排水管道的清单计算规则　　　　　　　　　　　表 5-2

项目编码	项目名称	项目特征	计量单位	工程量计算规则	工作内容
031001001	镀锌钢管	1. 安装部位 2. 介质 3. 规格、压力等级 4. 连接形式 5. 压力试验及吹、洗设计要求 6. 警示带形式	m	按设计图示管道中心线以长度计算	1. 管道安装 2. 管件制作、安装 3. 压力试验 4. 吹扫、冲洗 5. 警示带铺设
031001002	钢管				
031001003	不锈钢管				
031001004	铜管				
031001005	铸铁管	1. 安装部位 2. 介质 3. 材质、规格 4. 连接形式 5. 接口材料 6. 压力试验及吹、洗设计要求 7. 警示带形式			1. 管道安装 2. 管件安装 3. 压力试验 4. 吹扫、冲洗 5. 警示带铺设

项目编码	项目名称	项目特征	计量单位	工程量计算规则	工作内容
031001006	塑料管	1. 安装部位 2. 介质 3. 材质、规格 4. 连接形式 5. 阻火圈设计要求 6. 压力试验及吹、洗设计要求 7. 警示带形式	m	按设计图示管道中心线以长度计算	1. 管道安装 2. 管件安装 3. 塑料卡固定 4. 阻火圈安装 5. 压力试验 6. 吹扫、冲洗 7. 警示带铺设
031001007	复合管	1. 安装部位 2. 介质 3. 材质、规格 4. 连接形式 5. 压力试验及吹、洗设计要求 6. 警示带形式			1. 管道安装 2. 管件安装 3. 塑料卡固定 4. 压力试验 5. 吹扫、冲洗 6. 警示带铺设

2. 分析图纸

（1）给水排水专业管道识图先看设计说明，明确设计要求，例如不同水系统管道的材质、连接方式等信息，如图 5-20 所示。

（四）.管 材（设计所用管材）

1. 室内冷热水干管、立管采用 PSP 钢塑复合压力管，丝扣连接或卡箍式连接（DN>80），管材执行 CJ/T183-2008《钢塑复合压力管》，管件执行 CJ/T253-2007《钢塑复合压力管用管件》。分户水表后埋地给水及热水支管采用 PPR 管，冷水采用 S5 系列，热水采用 S3.2 系列，安装详见 02SS405-2。

2. 室内污水管道采用普通单（双）立管系统，±0.00 以上室内生活污水立管采用硬聚氯乙烯螺旋（PVC-U）排水管，支管采用硬氯乙烯光滑管（PVC-U），粘接连接，±0.00 以下污水管采用 A 型机制柔性抗震排水铸铁管，橡胶密封圈，法兰接口。

图 5-20 给水排水管道设计说明

给水排水管道统计通常按照不同水系统分开阅读，平面图与系统图对照看，水平管道长度在平面图中读取，立管长度在系统图中读取。此时注意，大样图比例与平面图比例是否一致，如图 5-21 所示。

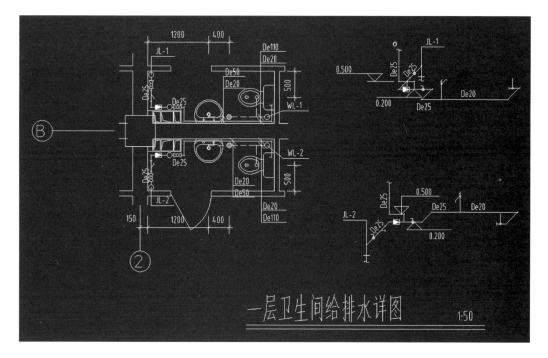

图 5-21　平面图与系统图

（2）水管道系统一般包括引入管（排水出户管）、干管（水平干管、垂直干管）、支管（横支管、立支管）。一般引入管的长度计算，在各地定额中都有相关说明。

（3）管道上还有阀门水表等管道附件需要单独统计，规格同所依附的管径，可以在平面图或者系统图中读取。常见管道附件：闸阀 -Z、截止阀 -J、球阀 -Q、止回阀 -Z、水表、减压阀、液位控制阀、自动排气阀等。

5.2.2　软件处理

1. 软件处理思路

给水排水管道长度统计的软件处理思路与数量统计相同（图 4-6），即列项→识别→检查→提量。按照不同的水系统、管径、材质、连接方式等列项，通过绘制的方式建立水管道三维模型，建模完成后检查是否存在问题，确认无误后进行提量。管道建模提量，一般可以分为户内支管长度统计和干管长度统计两部分。

2. 户内支管长度统计

（1）列项

管道的列项可采用"新建"功能，将需要统计长度的给水排水管道的管径材质等信息录入软件。具体操作步骤为：构件列表"新建"→"新建管道"→完善属性信息，如图 5-22 所示。

图 5-22　新建管道

1）导航栏选择管道（水）：注意切换到给水排水专业。

2）新建：构件列表点击"新建"，选择"新建管道"。

3）完善属性信息：修改管道名称，建议按照系统材质＋管径形式命名，方便后期查找统计；修改材质、管径、系统类型、系统编号等信息。

4）属性的区别：管道属性中蓝色字体属性为公有属性，黑色字体属性为私有属性。如果是私有属性，需要先选中图元再修改属性，并且只修改当前选中的图元，其余不修改。如果是公有属性，无须选中图元就能直接修改，并且所有相同图元会同步修改。

（2）绘制

水平管道的绘制建模可使用"直线"绘制功能，立管可使用"布置立管"功能绘制。

1）"直线"绘制具体操作步骤为：点击"直线"→选择"水平"→输入安装高度→在CAD 底图描图。

①点击"直线"：点击绘图功能包"直线"绘制功能，并在构件列表选择需要绘制的管道，如图 5-23 所示。

图 5-23　直线绘制

　　②输入安装高度：点击"水平"，选择"使用窗体标高"，管道模型按照"安装高度"中输入的标高建立；选择"使用构件标高"，管道模型按照属性中设置的标高建立。管道安装高度发生变化时，可根据系统图灵活调整管道的安装高度，两根水平管道间有高差时立管会自动生成；管道与卫生器具有高差时，连接立管也可自动生成，如图 5-24 所示。

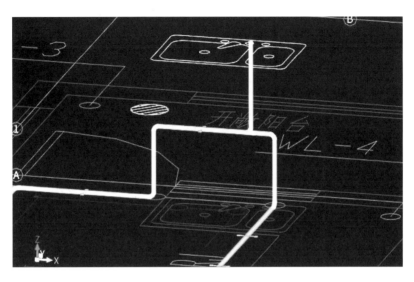

图 5-24　立管自动生成

　　③正交捕捉："直线"绘制管道时，可以开启状态栏"正交"，保证绘制管道时按正交绘制，提升绘图的规范性，如图 5-25 所示。

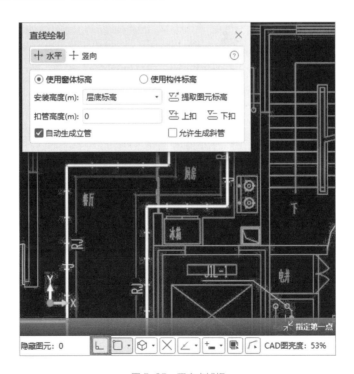

图 5-25　正交点捕捉

④入户管同一位置上下两根管道的情况（图 5-26），在绘制时修改安装高度后同一位置绘制两次即可。具体操作步骤：

A. "直线"绘制 DN20 管道→安装高度输入层底标高 +0.75 →绘制，如图 5-27 所示。

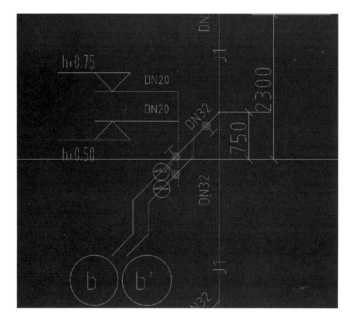

图 5-26　入户管管道系统图

图 5-27　"直线"绘制入户管（一）

B. 安装高度输入层底标高 +0.50 →同一位置"直线"绘制，绘制时与上层管道端头相对错开一定位置，如图 5-28 所示。

图 5-28　"直线"绘制入户管（二）

C. 入户管建模效果如图 5-29 所示。

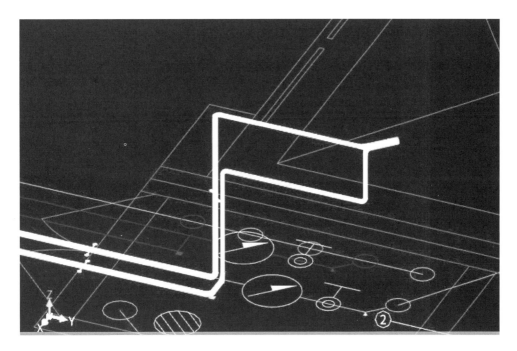

图 5-29 入户管建模效果图

2）立管绘制的具体操作步骤为：点击"直线"→"竖向"→在平面图立管位置绘制立管，立管信息如图 5-30 所示。

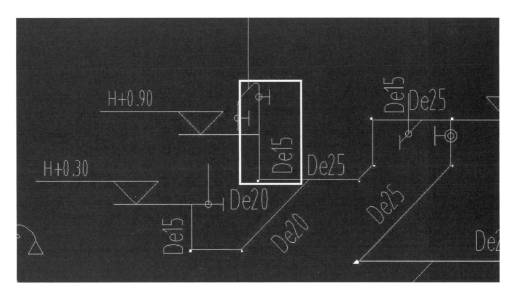

图 5-30 立管系统图

①点击"直线"：构件列表选择需要布置的管道，"绘图"功能区点击"直线"，选择"竖向"，如图 5-31 所示。

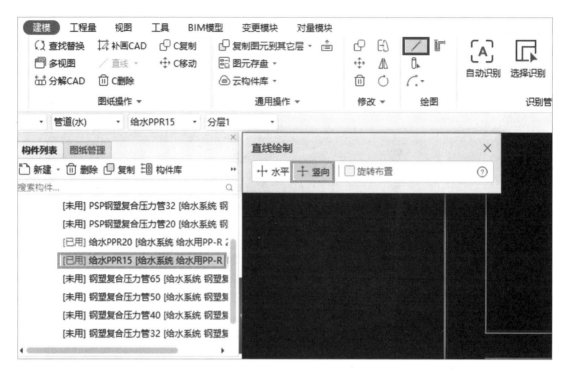

图 5-31 "直线"绘制竖向管

②确定立管第一点标高：在平面图立管位置单击鼠标左键，确定立管第一点的标高，若第一点标高确定有误，点击左上角标高即可修改，如图 5-32 所示。

图 5-32 确定立管第一点标高

③确定立管第二点标高：在立管工具栏中输入引至的高度或管长，如图 5-33 所示。

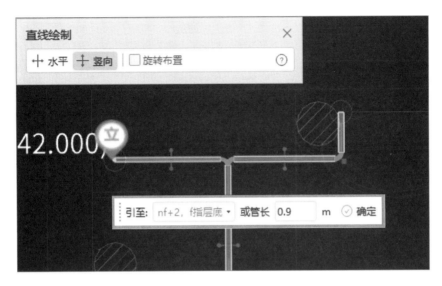

图 5-33　确定立管第二点标高

④立管绘制完成，效果如图 5-34 所示。

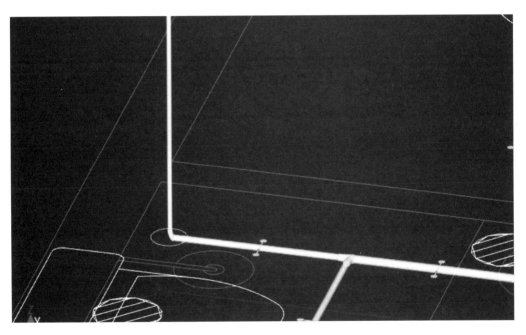

图 5-34　布置立管效果图

3）户内水平支管和立管建模完成后，还需要单独统计阀门法兰、管道附件的工程量。
阀门法兰、管道附件的处理思路同卫生器具，具体操作步骤为：列项→识别（点画）。

①列项：选择导航栏"阀门法兰"→选择"新建阀门"→修改名称等属性，如图 5-35
所示。

图 5-35　新建阀门

②识别：点击工具栏识别阀门法兰功能包"设备提量"→在 CAD 图上选择需要识别的阀门→选择要识别成的构件→点击"确认"。注意：阀门的规格型号无须输入，使用"设备提量"识别完成后自动匹配管道的规格型号，如图 5-36 所示。

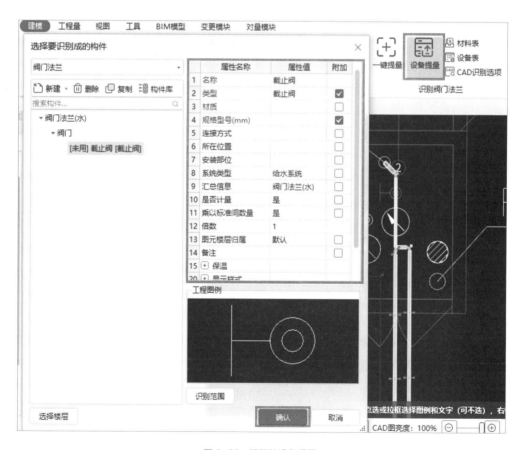

图 5-36　阀门的设备提量

实际工程中，有些阀门无法通过"设备提量"识别，如入户位置双层管的情况，或者立管上的阀门，此时可以使用"点"画的方式将阀门绘制到管道上，水平管"点"画阀门具体操作步骤为：切换到三维状态→选择要绘制的管道附件→工具栏绘图功能包"点"→点击水平管对应位置→绘制完成，如图 5-37 所示。

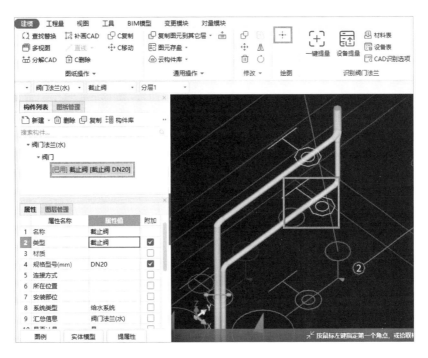

图 5-37　水平管"点"画管道附件

立管上"点"画阀门法兰、管道附件具体操作步骤为：选择要绘制的管道附件→选择立管→输入管道附件安装高度→建模完成，如图 5-38 所示。

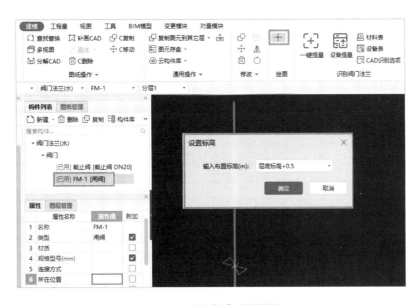

图 5-38　立管"点"画管道附件

注意："点"画时不需要每个规格的管道附件都单独新建，绘制完成后，可使用"自适应属性"功能快速将阀门法兰、管道附件的规格与其所在的管道匹配，具体操作步骤为："批量选择"选择所有阀门法兰、管道附件（图 5-39）→点击"自适应属性"→分别将阀门法兰、管道附件的规格型号与管径规格型号匹配（图 5-40）→点击"确认"→操作完毕，可以看到自适应属性的图元类型及数量（图 5-41），且会自动反建与管径匹配的阀门法兰、管道附件。

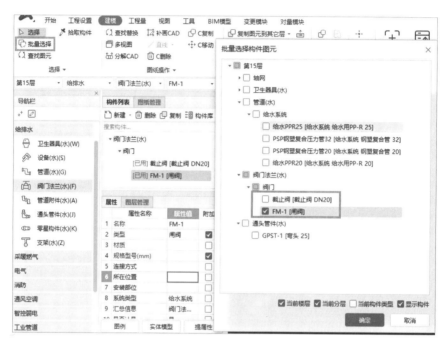

图 5-39　批量选择

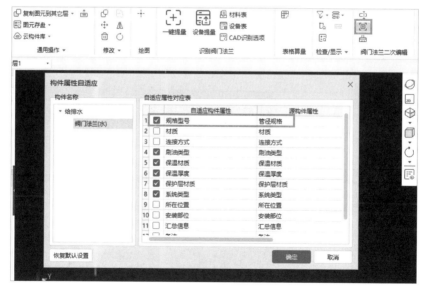

图 5-40　自适应属性

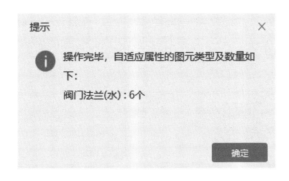

图 5-41　自适应属性结果

◆ 应用小贴士：

1. 快速进行图纸切换的方法："多视图"

在绘制管道时，需要实时查看系统图管道走向、标高等信息，一般是软件与 CAD 看图软件两者之间反复切换。软件中可以使用"多视图"功能，让系统图以悬浮窗口的形式出现，更加方便查阅。

"多视图"具体操作步骤如下：工具栏"图纸操作"功能包→点击"多视图"→点击"捕捉 CAD 图"→框选需要查阅的系统图→单击鼠标右键确认→图纸提取完成，如图 5-42 所示。

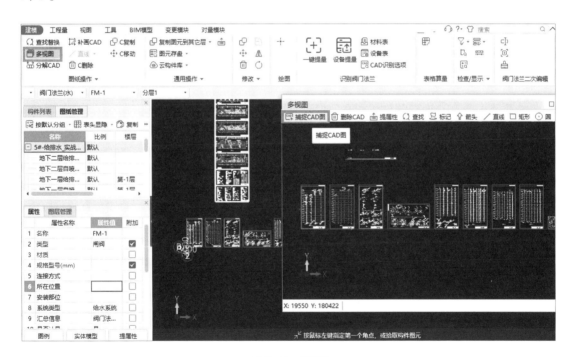

图 5-42　多视图

2. 立管生成一般原理：两根有高差的水平管道相交立管会自动生成；设备安装高度与水平管道标高有高差自动生成立管

若绘制时不需要自动生成立管，可在"工具"选项卡中设置，具体操作步骤为：点击菜单栏"工具"页签→点击"选项"→选择"其他"→取消"两管道相交存在标高差时，自动生成立管"和"绘制横管时，是否自动生成立管连接设备和横管"的勾选即可，如图 5-43 所示。

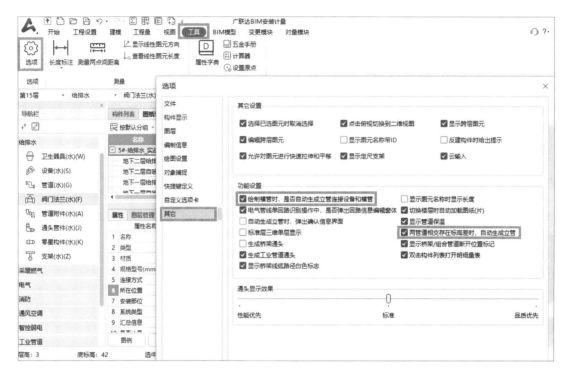

图 5-43　"工具"选项卡

选择该设置后，后期需要生成立管时，可以使用"生成立管"功能，具体操作步骤为：点击"生成立管"（图 5-44）→分别选择有高差的两根水平管→单击鼠标右键，立管即可自动生成。

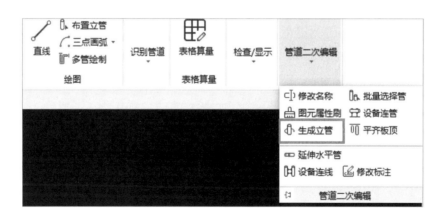

图 5-44　生成立管

当卫生器具与水平管道有高差时（图 5-45），亦可使用"设备连管"，卫生器具与水平支管间的立管将自动生成，具体操作步骤为：构件列表中选中需要生成的管→点击"设备连管"（图5-46）→选择卫生器具，单击鼠标右键→选择卫生器具的连接点→选择需要连接的水平管→立管自动生成，如图5-47所示。

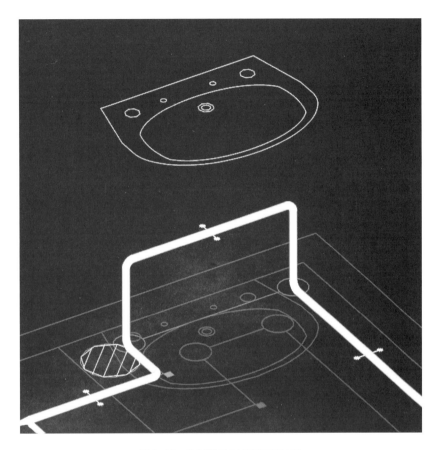

图5-45 卫生器具与水平管间有高差

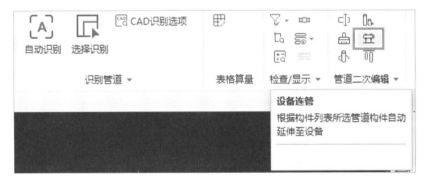

图5-46 设备连管

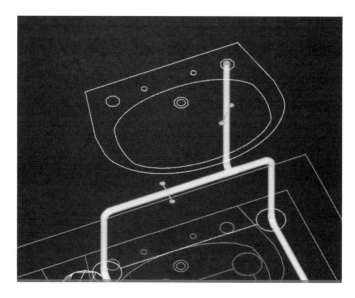

图 5-47　设备连管效果图

3. 卫生间快速处理方法："标准间"功能

卫生间大样图，一般图纸只给一个标准卫生间，手工统计时，统计完大样图工程量会乘以卫生间的数量。软件中可以使用"标准间"功能快速处理。

"标准间"第一种应用场景：需要快速统计工程量，类似手工计算，在现有工程量基础上乘以实际数量。

（1）新建标准间：导航栏选择建筑结构→选择"标准间"→点击"新建"→"新建标准间"→在属性中输入数量，如图 5-48 所示。

图 5-48　新建标准间（一）

（2）绘制标准间：使用工具栏绘图功能包"直线"或者"矩形"，选择大样图区域绘制标准间，如图 5-49 所示。

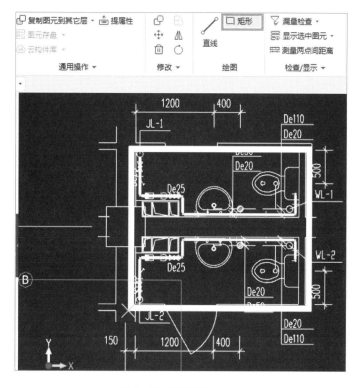

图 5-49　绘制标准间（一）

（3）标准间计算结果：标准间范围内的所有图元工程量结果会自动乘以标准间数量，如图 5-40 所示。

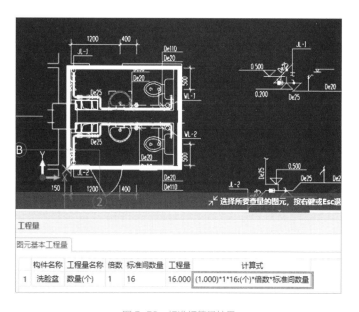

图 5-50　标准间算量结果

"标准间"第二种应用场景：对工程建模完整性有要求，大样图部分不仅统计工程量，还要以三维模型显示，最终使整个工程形成一个完整的三维模型。

具体操作步骤为：新建标准间→绘制标准间→布置标准间。

（1）新建标准间：导航栏选择建筑结构→选择"标准间"→点击"新建"→"新建标准间"→数量输入1，如图5-51所示。

图5-51　新建标准间（一）

（2）绘制标准间：使用工具栏绘图功能包"直线"或者"矩形"，选择大样图区域绘制标准间。注意标准间基准点的选择，可以选择建筑结构顶点、轴线交点等比较好捕捉的点为基准点，如图5-52所示。

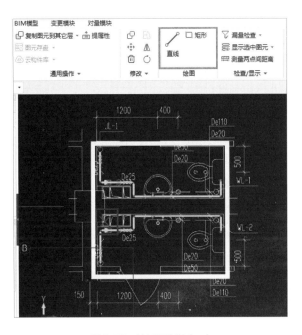

图5-52　绘制标准间（二）

（3）布置标准间：点击"布置标准间"→点击平面图上与标准间基准点相同位置的点→标准间布置完成，如图5-53所示。

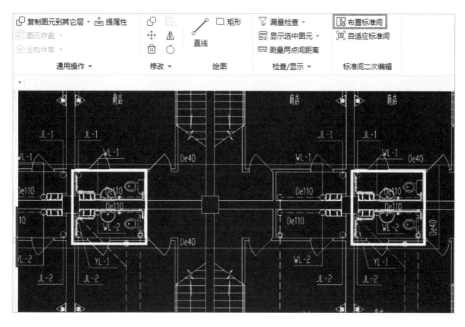

图5-53 布置标准间

（4）标准间内的构件发生变更，数量减少或者私有属性发生变化时，只需要修改其中一个标准间内的构件，其他标准间会与之联动。但是若变更后的构件数量增多，则需要使用"自适应标准间"功能，快速将新增构件图元同步到其他标准间。"自适应标准间"具体操作步骤为：点击工具栏标准间二次编辑功能包"自适应标准间"→选择发生变更的标准间→单击鼠标右键→确认窗口选择"是"→操作完成，如图5-54所示。

图5-54 自适应标准间

（3）检查提量

1）户内支管绘制建模后可以通过"检查回路"功能进行检查。

检查回路原理：动态显示，模拟水流，检查整个水系统的管道走向及工程量的准确性。具体操作步骤为：点击工具栏检查/显示功能包"检查回路"→选中水系统中任意一段管道→查看系统完整性及工程量，如图 5-55 所示。

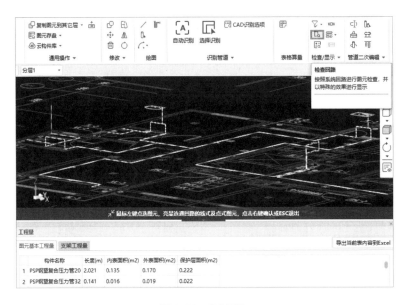

图 5-55　检查回路

2）若要实时查看管道工程量，可以使用"图元查量"，具体操作步骤为：工具栏切换到"工程量"页签→点击工具栏计算结果功能包"图元查量"→拉框选择需要查量的模型范围→即可出现工程量表格，如图 5-56 所示。

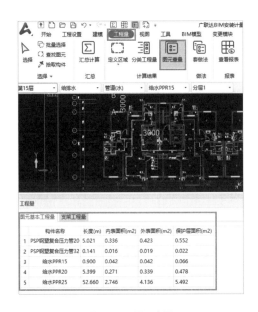

图 5-56　图元查量

3. 干管长度统计

给水排水干管长度统计的思路与户内支管一致。

（1）列项

管道列项采用"新建"功能，具体操作步骤为：构件列表"新建"→"新建管道"→完善属性信息，如图 5-57 所示。

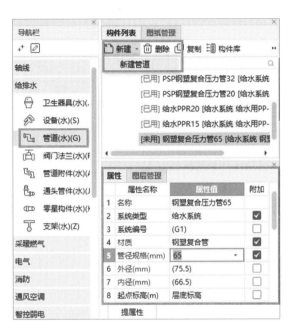

图 5-57　新建干管

（2）绘制

干管水平管道的绘制建模同样使用"直线"绘制功能，立管可使用"布置立管"，操作步骤同户内支管部分。

◆　应用小贴士

1. 建筑物外墙皮 1.5m 的管道绘制方法：动态输入。

《通用安装工程工程量计算规范》GB 50856—2013 中关于管道界限划分的说明，如图 5-58 所示。

K.10　相关问题及说明

K.10.1　管道界限的划分。

1　给水管道室内外界限划分：以建筑物外墙皮 1.5m 为界，入口处设阀门者以阀门为界。

2　排水管道室内外界限划分：以出户第一个排水检查井为界。

3　采暖管道室内外界限划分：以建筑物外墙皮 1.5m 为界，入口处设阀门者以阀门为界。

4　燃气管道室内外界限划分：地下引入室内的管道以室内第一个阀门为界，地上引入室内的管道以墙外三通为界。

图 5-58　管道界限划分

在管道建模时，建筑物外墙皮长度为 1.5m 的管道可采用"动态输入"的方式进行绘制。具体操作步骤为："直线"绘制→开启下方状态栏"动态输入"→从外墙皮处开始绘制，输入 1500→建模完成，如图 5–59 所示。

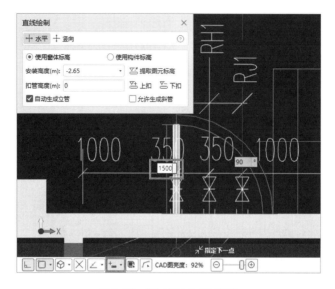

图 5-59   "动态输入"绘制管道

2. 竖向干管发生管道变径的处理方法：布置变径立管。

给水系统竖向干管的管道直径会随着楼层的增加发生变径，这种情况在"布置立管"时选择"布置变径立管"即可。

具体操作步骤为：选择"布置立管"→点击"布置变径立管"→对应系统图输入每个管径的标高→在平面图上"点"画立管→变径立管绘制完成，如图 5–60 所示。

图 5-60   布置变径立管

（3）检查提量

给水排水干管的检查可采用"检查回路"功能，提量可采用"图元查量"功能。具体操作步骤请参见给水排水"户内支管长度统计"中的检查提量部分。

5.3　零星统计

5.3.1　业务分析

1．计算规则依据

《通用安装工程工程量计算规范》GB 50856—2013 中，套管区分规格材质按设计图示数量计算，如表 5-3 所示。

套管清单计算规则　　　　　　　　　　　　　　　　　　　表 5-3

项目编码	项目名称	项目特征	计量单位	工程量计算规则	工作内容
031002003	套管	1.名称、类型 2.材质 3.规格 4.填料材质	个	按设计图示数量计算	1.制作 2.安装 3.除锈、刷油

2．分析图纸

图纸设计说明中一般对套管规格、材质、套管位置有具体的说明（图 5-61），平面图上还能查阅到套管的具体规格、位置等信息，如图 5-62 所示。

2．给水立管穿楼板时，均予留大1~2号的钢套管。套管顶部应高出装饰地面20mm，安装在卫生间内时，其顶部高出装饰地面50mm，底部应与楼板底面相平。

3．排水管穿楼板应预留孔洞，立管周围设高出楼板面设计标高10~20mm的阻水圈。排水立管每层设置伸缩节，横管每4米设一个伸缩节。

4．排水立管和出户管应用两个45°的弯头进行连接，90°弯须采用带检查口的弯头，施工时均应按照GB50015-2003（09修订版）的要求进行安装。

5．管径大于等于DN100的塑料排水管，在其穿越楼层处增设阻火圈，详见国标：04S301。

6．管道穿楼板或外墙均应采取密封及降噪措施，穿屋面的排水管道予埋刚性防水套管。

7．凡穿越剪力墙的给排水管道均预留比穿越管大1~2号钢套管；凡穿越±0.00以下外剪力墙的管道均应予留柔性防水套管，若采用刚性防水套管，应在进入建筑物外墙的管道上就近设置柔性连接。详见国标02S404。

图 5-61　套管设计说明

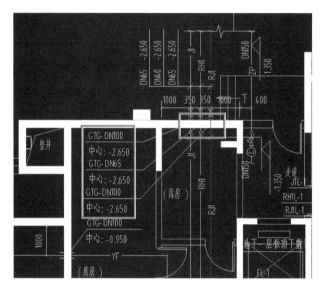

图 5-62　平面图套管位置

5.3.2　软件处理

软件中采用"生成套管"功能可完成套管工程量的统计。一般管道穿墙或者楼板时需要设置套管，所以软件生成套管前需有墙体、楼板。套管处理的具体操作步骤为："自动识别"墙或者绘制楼板→点击"生成套管"功能→选择生成套管的规格型号→点击"确定"，套管自动生成。

（1）"自动识别"墙：导航栏建筑结构选择"墙"→点击工具栏识别墙功能包"自动识别"→选择楼层（图 5-63）→点击"确定"，墙体识别完成。

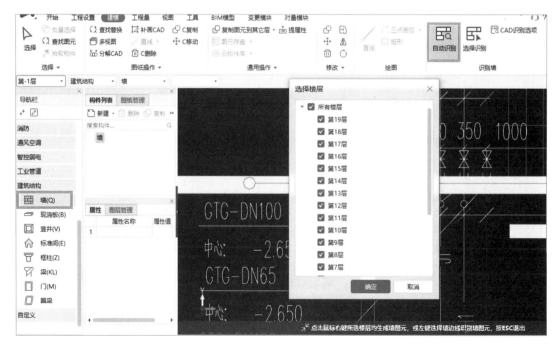

图 5-63　自动识别墙

（2）绘制板：导航栏建筑结构选择"现浇板"→"新建现浇板"→"直线"沿建筑轮廓绘制板或者"矩形"绘制板，如图 5-64 所示。

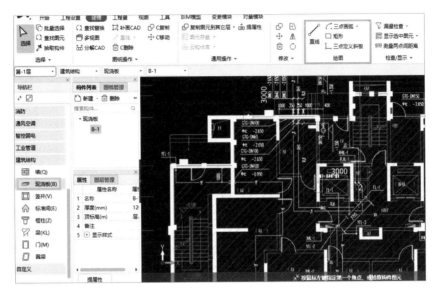

图 5-64　绘制板

（3）"生成套管"：给水排水专业中选择"零星构件"→点击"生成套管"→在"生成设置"中选择套管和孔洞的规格→点击"确定"后套管和孔洞自动生成。

注意墙体类型影响套管生成的类型，穿外墙默认生成刚性防水套管，穿内墙默认生成一般填料套管（图 5-65）。对于套管和孔洞生成的规格，软件提供了三种选项，按需选择即可；管道穿板时，不同水系统生成的默认套管类型也不同，如给水系统默认生成一般填料套管，排水系统默认生成阻火圈，如图 5-66 所示。

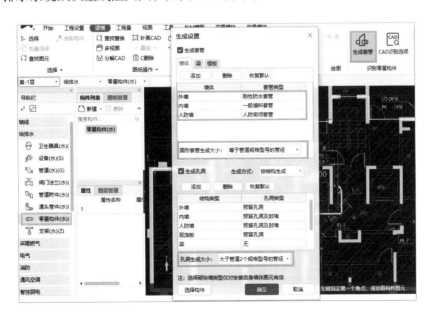

图 5-65　生成套管

图 5-66　楼板套管生成设置

第6章 工程量计算—消防篇

本章内容为消防专业工程量的计算，主要讲解自动报警系统、自动喷淋灭火系统、消火栓系统中各类工程量计算的思路、功能、注意事项及处理技巧。

6.1 自动报警系统

消防工程中自动报警系统通常要计算的工程量如图6-1所示。

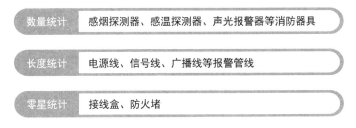

数量统计 | 感烟探测器、感温探测器、声光报警器等消防器具

长度统计 | 电源线、信号线、广播线等报警管线

零星统计 | 接线盒、防火堵

图6-1 消防报警系统需要计算的工程量

6.1.1 数量统计

1. 业务分析

（1）计算规则依据

从《通用安装工程工程量计算规范》GB 50856—2013可以看出，统计消防器具工程量时需要区分不同的名称、规格等按数量进行统计，如表6-1所示。

消防器具的清单计算规则　　　　　　　　　　　　表6-1

项目编码	项目名称	项目特征	计量单位	工程量计算规则	工作内容
030904001	点型探测器	1. 名称 2. 规格 3. 线制 4. 类型	个	按设计图示数量计算	1. 探头安装 2. 底座安装 3. 校接线 4. 编码 5. 探测器调试

续表

项目编码	项目名称	项目特征	计量单位	工程量计算规则	工作内容
030904003	按钮	1. 名称 2. 规格	个	按设计图示数量计算	1. 安装 2. 校接线 3. 编码 4. 调试
030904004	消防警铃				
030904005	声光报警器				
030904006	消防报警电话插孔（电话）	1. 名称 2. 规格 3 安装方式	个（部）		
030904007	消防广播（扬声器）	1. 名称 2. 功率 3. 安装方式	个		
030904008	模块（模块箱）	1. 名称 2. 规格 3. 类型 4. 输出形式	个（台）		1. 安装 2. 校接线 3. 编码 4. 调试
030904009	区域报警控制箱	1. 多线制 2. 总线制 3. 安装方式 4. 控制点数量 5. 显示器类型	台		1. 本体安装 2. 校接线、摇测绝缘电阻 3. 排线、绑扎、导线标识 4. 显示器安装 5. 调试
030904010	联动控制箱				
030904011	远程控制箱（柜）	1. 规格 2. 控制回路			

（2）分析图纸

火灾报警平面图中可以读取到消防器具的安装位置，主要设备材料表可以读取到消防器具对应的图例、名称、规格型号、安装高度等信息，如图6-2所示。

图例	名称	规格型号	安装方式
$\boxed{S}$	智能离子感烟探测器	JTY-GD-JBF-3100	吸顶
$\boxed{S}$	家用智能型感烟探测器	JTY-GD-JBF-3100	吸顶
$\boxed{\blacktriangleleft}$	可燃气体探测器	JQB-HX2132B	
$\boxed{B}$	广播模块	JBF-143F	吸顶（设备就近位置）
$\boxed{M}$	输入模块	JBF-131-FN	吸顶（设备就近位置）
$\boxed{C}$	输入/输出模块	JBF-141F-N	吸顶（设备就近位置）
$\boxed{Y}$	手动报警按钮	J-SAP-JBF-301/P	明装 距地1.3米
$\boxed{\cap}$	消防电话	HD210	明装 距地1.4米

图6-2　消防器具主要设备材料表

2. 软件处理

（1）软件处理思路

软件处理思路与手算思路类似（图4-6），即列项→识别→检查→提量。先进行列项，告诉软件需要计算什么，通过识别的方式形成三维模型，识别完成后检查是否存在问题，确定无误后进行提量。

（2）列项

消防器具的列项常见的两种方法：手动"新建"或批量处理识别"材料表"（图 6-3）。需要计算的消防器具列项完成后，在"构件列表"中进行呈现。

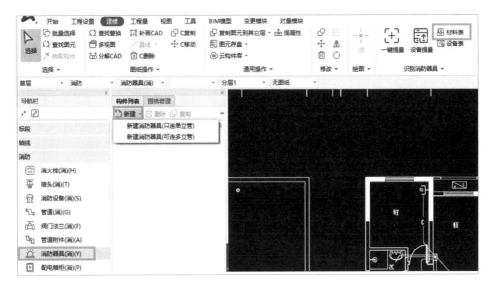

图 6-3　消防器具新建的两种方式

方法一："新建"

具体操作步骤为：点击"消防器具"→"新建"→完善属性信息。

1）点击"消防器具"：注意切换到消防专业。

2）新建：在构件列表中点击"新建"，选择"新建消防器具（只连单立管）"或"新建消防器具（可连多立管）"

3）完善属性信息：蓝色字体为公有属性，如名称、类型、规格型号（按需填写）、可连立管根数；黑色字体为私有属性，如标高等信息，如图 6-4 所示。

图 6-4　属性信息

　　"新建"时注意事项：新建消防器具时有"只连单立管"和"可连多立管"。当选择"只连单立管"，识别管道后，消防器具与消防管道存在高差时，只会生成一根立管；而选择"可连多立管"，识别管道后，消防器具与消防管道存在高差时，则会根据此处 CAD 水平线端头数量生成对应根数的立管，具体示例可参考第 4 章第 4.2.1 节软件处理关于照明灯具、开关插座统计中的列项部分。

　　方法二：识别"材料表"

　　具体操作步骤为：点击消防器具→材料表→拉框选择 CAD 材料表→调整材料表。

　　1）切换构件类型：导航栏消防专业点击"消防器具"，注意在"图纸管理"中切换到"模型"，找到材料表图纸。

　　2）识别"材料表"：工具栏识别消防器具功能包点击"材料表"，拉框选择材料表，被选择部分的 CAD 图变成蓝色，单击鼠标右键确定（如果材料表未进行分割定位，注意在"图纸管理"中切换到"模型"，找到材料表图纸），如图 6-5 所示。

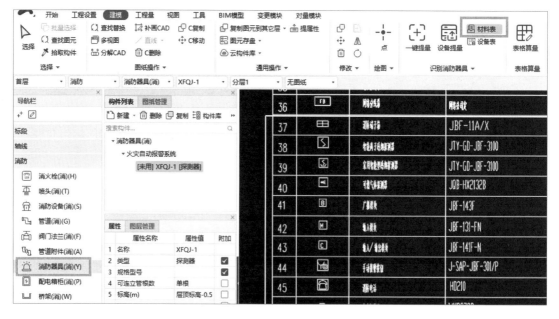

图 6-5　识别材料表

　　3）选择对应列：在弹出的"选择对应列"窗口，在第一行空白部分下拉选择与本列内容对应，将列项相关的信息如"设备名称""类型""规格型号""标高""对应构件"通过对应的方式快速提取到软件中；如果材料表中没有设备的类型，可将设备名称列通过"复制列"进行复制，修改表头名称为类型（图 6-6）；如果有多余的图例，可通过"删除行"进行删除。其他无效信息也可以使用"删除行""删除列"删除。

　　4）检查"标高"是否与材料表中信息匹配，如果不匹配，手动双击对应的信息进行调整，可修改为相对标高的格式，例如层底标高 +1.3、层顶标高 –0.5。

　　5）对应构件：材料表识别完成后，该构件归属到软件中那种构件类型下；消防器具"只连单立管"和"可连多立管"也在此处调整。

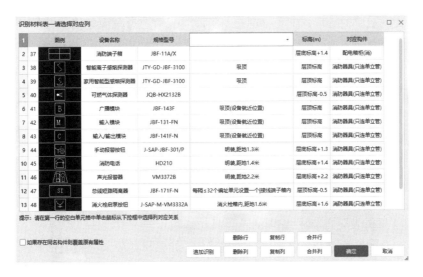

图 6-6　材料表信息修改完善

以上两种方式均可完成消防器具的列项工作，使用时根据个人习惯和工程需求选择即可。

（3）识别

消防器具等需要统计数量的均可以通过"设备提量"功能完成，它可以将相同图例的设备一次性识别出来，从而快速完成数量统计。

"设备提量"具体操作步骤为：点击"设备提量"→选中需要识别的消防器具 CAD 图例→选择要识别成的构件→"选择楼层"→点击"确认"。

1）点击"设备提量"：注意在"图纸管理"中切换到对应的消防图纸，导航栏消防专业选择消防器具，在工具栏识别消防器具功能包点击"设备提量"。

2）选中需要识别的消防器具 CAD 图例：点选或者拉框选择要识别的消防器具图例及标识（如 70° 防火阀，无标识可不选），被选中的消防器具呈现蓝色，如图 6-7 所示。

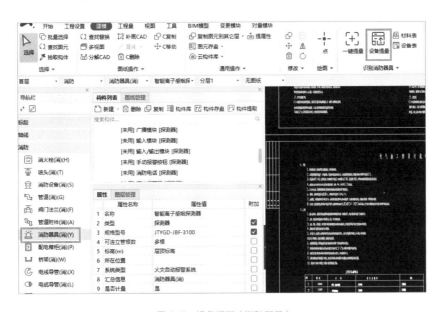

图 6-7　设备提量（消防器具）

　　3）选择要识别成的构件：在之前建立的构件列表中选择对应的消防器具名称，如图 6-8 所示。

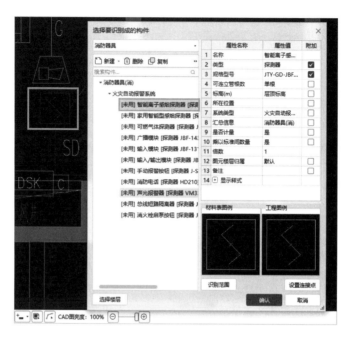

图 6-8　选择要识别成的构件（消防器具）

　　4）选择楼层："设备提量"功能可以一次性识别全部或者部分楼层，通过"选择楼层"即可实现，可选择的楼层为已经分配图纸的楼层，如图 6-9 所示。

图 6-9　选择楼层

◆ 应用小贴士：

1. 在"设备提量"的时候，有些图例代表的是 2 个模块，但是属于一个块图元，直接使用"设备提量"，两个消防器具就会被识别成一个构件，如图 6-10 所示。

图 6-10 块图元

解决方法：通过"CAD 编辑"功能包中的"分解 CAD"（图 6-11），将选中的 CAD 块图元单击鼠标右键进行分解，再按照"设备提量"分别进行识别即可。

图 6-11 分解 CAD

2. 在实际工程中，会遇到图纸上有 2 个块图元，实际上代表一个模块，如 70° 防火阀旁还有输入模块（图 6-12），这实际上算是一个构件。如果分开识别，就是识别成 2 个图元，如果只识别某一个，在后期管线识别时管线会断开，应如何处理？

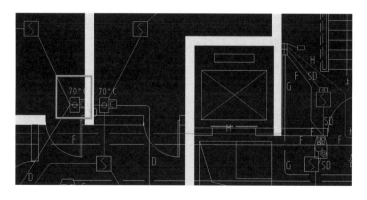

图 6-12 某工程火灾报警平面图

解决方法："设备提量"时将代表 70° 防火阀的图例和代表输入输出模块的图例同时选中，单击鼠标右键确定识别。

3. 配电箱柜统计

配电箱柜提量同样可以先新建列项，使用"设备提量"识别。工程中不同配电系统的配电箱规格和名称均不相同，"设备"需多次提取，针对配电箱的这种特性，可以使用"配电箱识别"功能同时完成列项＋识别的工作。

"设备提量"和"配电箱识别"的区别："设备提量"是将所有相同图例的设备一次性识别出来，而"配电箱识别"是一次识别标识为一个系列的配电箱图元，如名称为 AL1，AL2，AL3…ALn 的配电箱，一次全部识别出来，并可以生成配套名称的配电箱图元。

"配电箱识别"具体操作步骤为：点击"配电箱识别"→选择配电箱图例及名称→完善配电箱属性信息。

（1）点击"配电箱识别"：工具栏识别配电箱柜功能包点击"识别配电箱柜"，平面图选择配电箱的图例及名称，单击鼠标右键确定。

（2）弹出构件编辑窗口，完善尺寸信息及标高信息，点击"确认"，如图 6-13 所示。

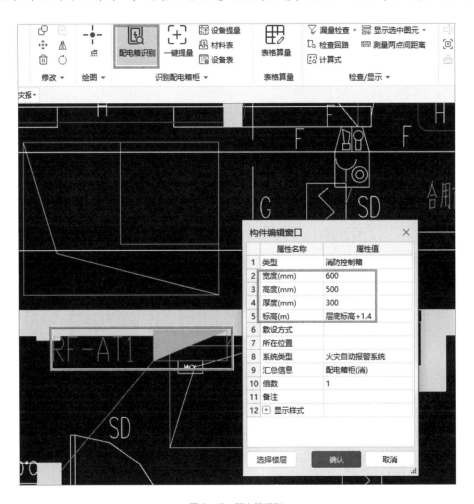

图 6-13　配电箱识别

（3）构件列表中同系列的配电箱在构件列表中反建完成。

（4）检查

软件中消防器具及配电箱柜识别后检查的方式有两种："漏量检查"和"CAD 亮度"。

1）"漏量检查"原理：对于没有识别的块图元进行检查。

具体操作步骤为：工具栏检查 / 显示功能包点击"检查模型"→选择"漏量检查"（图 6-14）→图形类型：设备→点击"检查"→未识别 CAD 块图元全部被检查出来（图 6-15）→双击未识别的图例定位到图纸相应位置"设备提量"，对未识别的消防器具补充识别。

图 6-14　漏量检查（二）

图 6-15　"漏量检查"窗体（二）

2）"CAD 亮度"原理：通过控制 CAD 底图亮度核对图元是否识别，如图 6-16 所示。

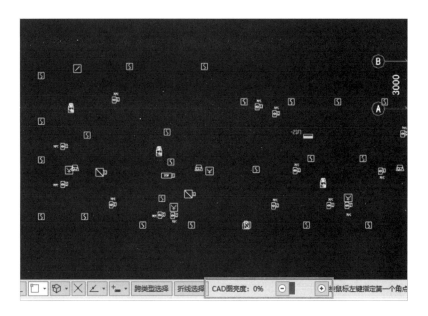

图 6-16　CAD 亮度调整（二）

（5）提量

消防器具及配电箱柜识别完毕，可以使用"图元查量"查看已提取的工程量。

具体操作步骤为：点击"图元查量"→拉框选择需要查量的范围→查看基本工程量。

1）"图元查量"功能在"工程量"页签下（图 6-17）。

2）在绘图区域拉框选择需要查量的范围，即可出现图元基本工程量。

图 6-17　图元查量

6.1.2　长度统计

1. 业务分析

（1）计算规则依据

从《通用安装工程工程量计算规范》GB 50856—2013 可以看出，统计报警管线工程量时需要区分不同的名称、材质、规格等按长度进行统计，如表 6-2 所示。

报警管线的清单计算规则　　　　　　　　　　　　　　　表 6-2

项目编码	项目名称	项目特征	计量单位	工程量计算规则	工作内容
030411001	配管	1. 名称 2. 材质 3. 规格 4. 配置形式 5. 接地要求 6. 钢索材质、规格	m	按设计图示尺寸以长度计算	1. 电线管路敷设 2. 钢索架设（拉紧装置安装） 3. 预留沟槽 4. 接地
030411002	线槽	1. 名称 2. 材质 3. 规格			1. 本体安装 2. 补刷（喷）油漆
030411003	桥架	1. 名称 2. 型号 3. 规格 4. 材质 5. 类型 6. 接地方式			1. 本体安装 2. 接地
030411004	配线	1. 名称 2. 配线形式 3. 型号 4. 规格 5. 材质 6. 配线部位 7. 配线线制 8. 钢索材质、规格	m	按设计图示尺寸以单线长度计算（含预留长度）	1. 配线 2. 钢索架设（拉紧装置安装） 3. 支持体（夹板、绝缘子、槽板等）安装

（2）分析图纸

消防报警算量需要将平面图、系统图结合起来，从平面图上可以看到桥架、电线的走势（图 6-18），以及代表管线的标识信息，如标注为 SD、G、F、H 的管线分别代表管线规格型号以及敷设方式（图 6-19），从系统图上可以看出配电箱之间联动控制线的走势，如 -1PY1、-1PY2、-2PY1 连至消防控制室（图 6-20），以及从配电箱到消防器具的信息等（图6-21）。根据常见的线型统计，清晰根数的计算，如表 6-3 所示。

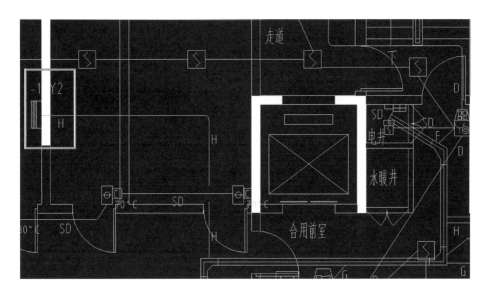

图 6-18　消防报警平面图（一）

注：　图中未标注的管线为信号二总线　ZR-RVS-2X1.5SC15CC/WC

——SD——　ZR-RVS-2X1.5+NH-BV-2X2.5信号线+电源线 SC20CC/WC

——G——　ZR-RVS-2X1.5 消防广播线 SC15WC/CC

——F——　ZR-RVS-2X1.5 消防对讲电话 SC15WC/FC

——H——　NH-KVV-4x1.5联动控制线　SC20WC/FC

图 6-19　消防报警平面图（二）

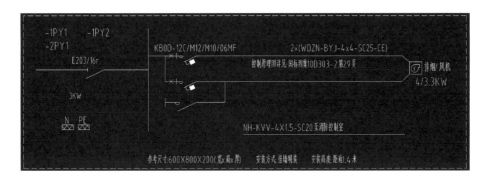

图 6-20　系统图（一）

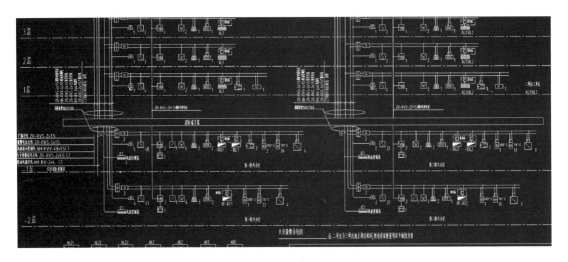

图 6-21 系统图（二）

常见的电缆识图   表 6-3

常见的线型统计	
BV（需要乘以根数）	普通电线
BVR（需要乘以根数）	绝缘软电线
RVS（不分开算）	双绞线（缠绕在一起）抗干扰以及线路之间的串扰
RVB（不分开算）	双芯平行软线（粘在一起）消防工程禁止使用
KVV/KYJF（不分开算）	控制电缆/控制辐照交联电缆
RVVP（不分开算）	护套线

2. 软件处理

（1）软件处理思路

管线软件处理思路与消防器具类似（图 4-6），即列项→识别→检查→提量。先按照不同管径材质规格对管线列项，告诉软件需要计算什么，通过识别或绘制建立三维模型，检查模型是否存在问题，确定无误后进行提量。

（2）消防桥架统计

1）直线绘制

直线绘制具体操作步骤为：点击"桥架"→新建桥架→完善属性信息→绘制直线（图 6-22）

①点击"桥架"：导航栏消防专业切换至"桥架"构件下，进行桥架的新建。

②新建：在构件列表中点击"新建"，选择"新建桥架"。

③完善属性信息：完善宽度、高度、标高信息。

④点击"直线"：在平面图上绘制桥架，绘制时可开启状态栏"正交"按钮，提升绘图的准确度。

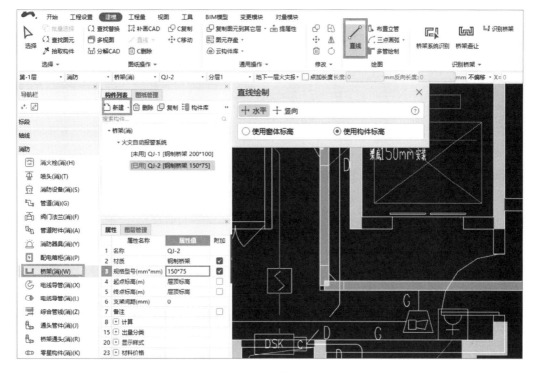

图 6-22　"直线"绘制桥架

2）识别桥架

"识别桥架"具体操作步骤为：

①点击"识别桥架"：工具栏识别桥架功能包点击"识别桥架"功能。

②单击鼠标左键选择代表桥架的 2 根 CAD 线和标识（可不选），单击鼠标右键确定。

③如果有桥架断开没有连续识别，点击"通用编辑"下的"延伸"，先选择一条延伸边界线，再选择要延伸的构件图元，单击鼠标右键退出"延伸"功能，如图 6-23 所示。

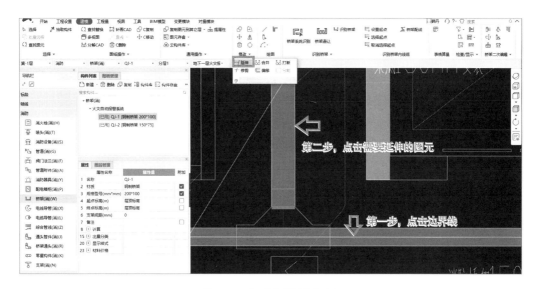

图 6-23　"延伸"具体操作步骤

3）布置竖向桥架

竖向桥架一般从地下室到顶层都会有，可以通过"布置立管"一次性将贯通整楼的某一根竖向桥架进行布置。

"布置立管"具体操作步骤为：点击"布置立管"→输入标高信息→选择桥架→"点"画布置（图6-24）。

①点击"布置立管"：工具栏绘图功能包点击"布置立管"，在弹出的窗口中输入起点标高和终点标高信息。

②构件列表中选择具体规格的桥架，如果没有需要的规格，则进行"新建"。

③"点"画布置平面图竖向桥架的位置，让水平桥架和竖向桥架相通。

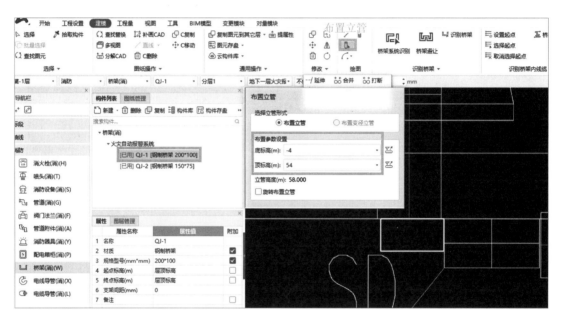

图6-24 "布置立管"具体操作步骤

（3）报警管线统计

1）列项

根据平面图可以看到有标注为SD、G、F、H的管线。

SD：ZR-RVS-2×1.5+NH-BV-2×2.5 信号线 + 电源线 SC20 CC/WC。

G：ZR-RVS-2×1.5 消防广播线 SC15 WC/CC。

F：ZR-RVS-2×1.5 消防对讲电话 SC15 WC/FC。

G：NH-KVV-4×1.5 联动控制线 SC20 WC/FC。

G、F、H管线"新建"具体操作步骤为："电缆导管"→新建"配管"→完善属性信息（导管材质、管径、电缆规格型号、标高信息）。

SD管线"新建"具体操作步骤为："综合管线"→"新建一管共线"→完善属性信息（图6-25）。

①在"综合管线"下点击"新建一管共线"。

②完善导管材质、管径、标高信息。

③点击属性中的"线缆规格型号"，点击旁边的三点按钮，弹出的窗口规格型号为：RVS-2×1.5，勾选"电缆"；BV-2×2.5勾选"电线"（图6-26）。

图6-25　新建综合管线

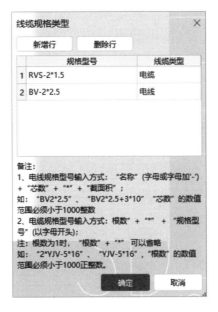

图6-26　重新指定线缆

◆ 应用小贴士：

"电线导管""电缆导管""综合管线"的区别：

在"电线导管"下新建"配管"计算管内线缆的长度＝电线导管长度×根数。

在"电缆导管"下新建"配管"计算管内线缆的长度＝电缆导管长度＋电缆导管长度×2.5%（考虑电缆敷设弛度、波形弯度、交叉的预留长度）。

在"综合管线"下新建"一管共线"可以指定不同规格型号的线缆分别按电线或电缆计算。

如 RVS 和 KVV 属于只需要算单根长度，要在"电缆导管"中新建；BV 电源线，需要计算单根的长度×根数，要在"电线导管"中新建。

2）识别

针对标注的报警管线等，需要统计长度时可以通过"报警管线提量"功能完成，它可以按相同图层、相同颜色、相同线型的管线一次性识别出来，从而快速完成长度统计。

"报警管线提量"具体操作步骤为：点击"报警管线提量"→选择代表管线的 CAD 线→管线信息设置。

①点击"报警管线提量"：工具栏识别综合管线功能包点击"报警管线提量"，平面图选择代表管线的 CAD 线。

②弹出的管线信息设置里，双击"导线根数/标识"列下的单元格，可以反查该标识对应的路径，确认图纸上的位置，检查路径是否正确，如图 6-27 所示。

图 6-27　路径反查（一）

③路径反查时，被反查线段为绿色亮显。当发现路径错误时，鼠标左键点选错误的线段即可取消；若路径少选了某些线段，鼠标左键点选正确的线段，路径则可修正。例如反查标注为 D 的路径，绿色为反查的线缆路径，图纸中标注 D 为旁边白色的线段（图 6-28），

鼠标左键点选绿色线段，取消选择，点选带标注 D 的白色线段修正路径。

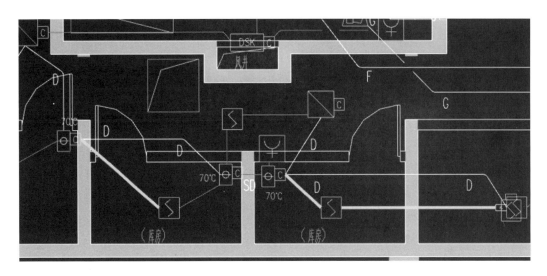

图 6-28　路径反查（二）

④双击构件名称下列的窗口，选择对应的配管，注意电缆导管、电线导管、综合管线下拉选择正确的管线，如未标注的是信号线，则下拉选择电缆导管下的信号二总线，如图 6-29 所示。

图 6-29　选择对应的配管

⑤构件选择完毕后，勾选"管线生成颜色"下的"构件颜色"，即可按构件里设置的颜色进行生成，如图 6-30 所示。

图 6-30　管线生成颜色

◆ 应用小贴士：

1. 当图纸上一根 CAD 线代表多根管，应该如何处理（图 6-31）？

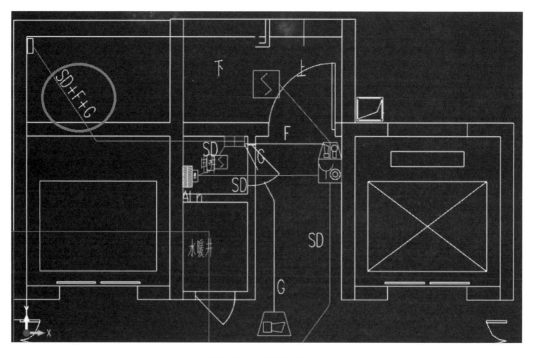

图 6-31　一线多管（一）

解决方法：在使用"报警管线提量"功能时，在弹出的窗口管线信息设置，标注 SD+F+H 分三次分别选择对应的构件即可，如图 6-32 所示。

	导线根数/标识	构件名称	管径（mm）	规格型号	管线生成颜色	
					CAD颜色	构件颜色
1	无					☐
2	SD+F+H	SD,F,H	20,15,15	ZR-RVS-2*1....		☐

图 6-32 一线多管（二）

2. 当遇到管线走桥架，如何算量？如 –1 楼的 –1PY1 排烟配电箱走桥架到 1 楼消防控制室，如何计算桥架内的线缆工程量？参考图纸分析（图 6-18、图 6-20）。

解决方法：

1）先将从 –1PY1 到桥架这一段的管线通过"报警管线提量"进行识别。

2）切换楼层到 1 楼，将 1 楼的配电箱和桥架进行识别。

3）点击"设置起点"，将配电箱的顶标高（立管底标高）设置为起点，如图 6-33 所示。

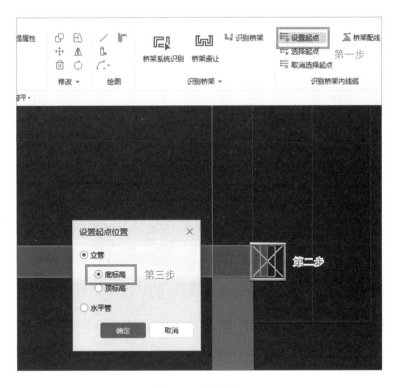

图 6-33 设置起点

4）切换楼层到 –1 楼，点击"选择起点"，选择从桥架出来的第一根配管，单击鼠标右键确定，如图 6-34 所示。

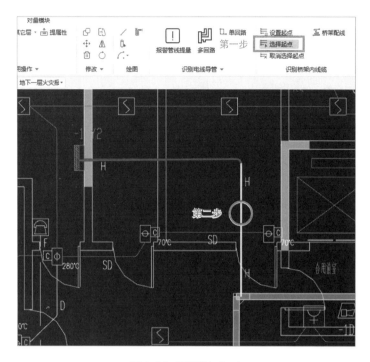

图 6-34   选择起点（一）

5）在"切换起点楼层"切换到"首层"，点击刚刚设置的起点即可，如图 6-35 所示。

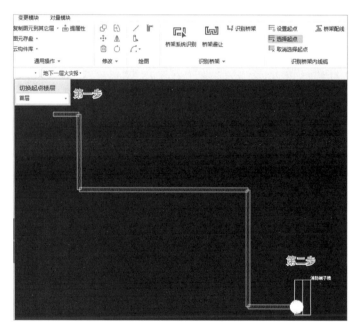

图 6-35   选择起点（二）

6）在"工程量"页签点击"图元查量"，选择从桥架出来的第一根配管（颜色会变成黄色），查看电气线缆工程量，电缆单根总长度包含管内/裸线单根配线长度、线槽内单根配线长度和单根预留长度，如图 6-36 所示。

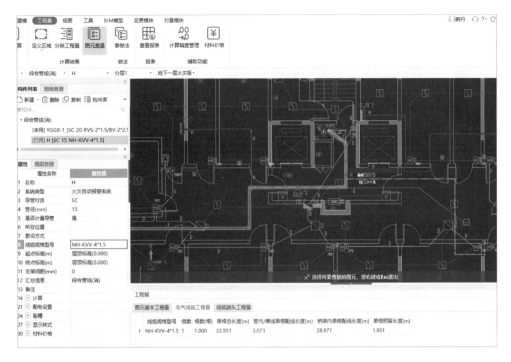

图 6-36　线缆长度

3. 如果沿墙暗敷管线需要计算剔槽的工程量，并且识别出来的管线计算到墙体中，应如何处理？

解决方法：

以下操作在管线识别前进行：

1）切换到"建筑结构"墙构件，注意：墙识别前要切换到墙构件下。

2）点击"自动识别"，选择 CAD 图的墙边线，单击鼠标右键选择楼层：墙体"自动识别"功能可以一次性识别全部或者部分楼层的墙体，如图 6-37 所示。

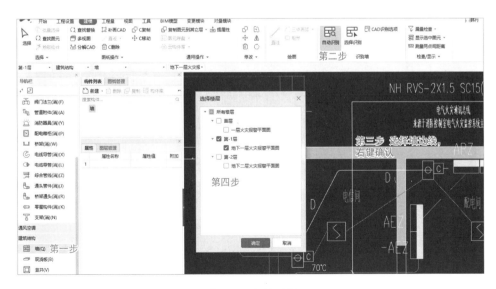

图 6-37　自动识别墙

3）"确定"生成：确定之后墙体生成，点击工具栏选择功能包"批量选择"，将所有墙选中，修改属性墙体类型为"砌块墙"即可，如图6-38所示。

图6-38 自动识别墙效果

3）检查

消防报警系统中管线识别后，可以使用"检查回路"判断回路是否通畅，以及与末端消防设备是否相连。

具体操作步骤为：点击工具栏检查/显示功能包"检查回路"功能→点选回路上某一根管线→查看回路完整性及其工程量，如图6-39所示。

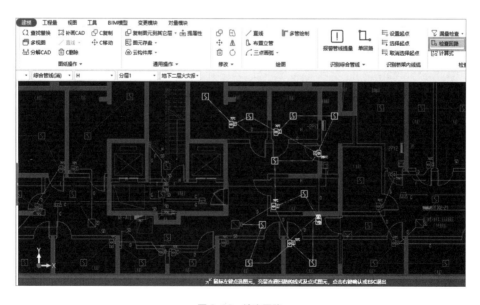

图6-39 检查回路

4）提量

报警管线识别完毕，可以使用"图元查量"查看已提取的工程量。

具体操作步骤为：点击"图元查量"→拉框选择需要查量的范围→基本工程量。

①点击"图元查量"功能：切换至工程量页签，在工具栏计算结果功能包点击"图元查量"功能。

②在绘图区域拉框选择需要查量的范围，即可出现图元基本工程量，如图 6-40 所示。

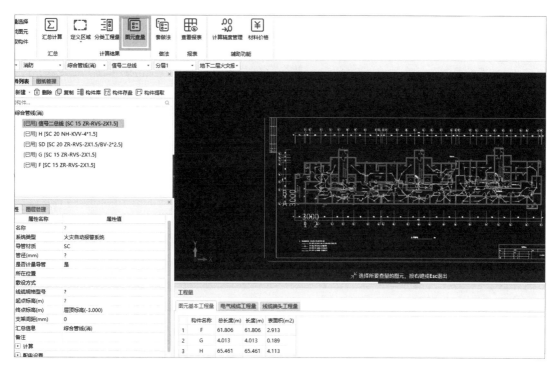

图 6-40　图元查量

6.1.3　零星统计

1. 业务分析：计算规则依据

从《通用安装工程工程量计算规范》GB 50856—2013 可以看出，统计接线箱、盒工程量需要区分不同的名称、材质、规格、安装形式按数量进行统计，如表 6-4 所示。

零星构件的清单计算规则　　　　　　　　　　　　　　　　表 6-4

项目编码	项目名称	项目特征	计量单位	工程量计算规则	工作内容
030411005	接线箱	1. 名称 2. 材质 3. 规格 4. 安装形式	个	按设计图示数量计算	本体安装
030411006	接线盒				

2. 软件处理：接线盒统计

接线盒统计具体操作步骤为：导航栏切换至零星构件→点击"生成接线盒"→修改属

性→选择生成接线盒的图元→确定生成。

　　1）切换构件到"零星构件"。

　　2）点击"生成接线盒"，弹出构件列表的窗口，软件自动建立接线盒构件。

　　3）配管材质是 SC20（焊接钢管），接线盒的材质修改为"金属"，点击"确定"，如图 6-41 所示。

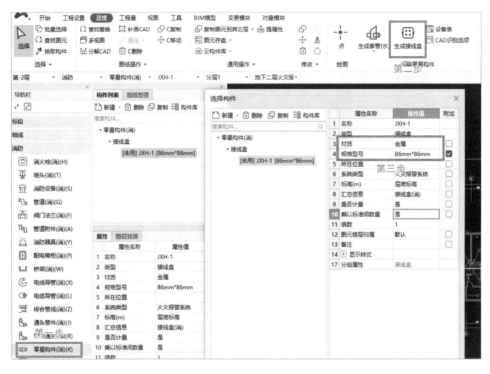

图 6-41　生成接线盒（一）

　　4）弹出"生成接线盒"选择图元窗口，选择消防器具、电线导管、电缆导管、综合管线进行接线盒生成，如图 6-42 所示。

图 6-42　生成接线盒（二）

5）接线盒按照设置自动生成。当接线盒种类不同时，可多次使用"生成接线盒"，生成时新建接线盒。

6.2　喷淋灭火系统

消防工程中喷淋灭火系统通常要计算的工程量如图 6-43 所示。

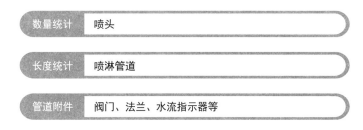

图 6-43　喷淋系统需要计算的工程量

6.2.1　数量统计

1.业务分析

（1）计算规则依据

从《通用安装工程工程量计算规范》GB 50856—2013 可以看出，统计喷淋头工程量时需要区分不同的名称、材质、规格等按数量进行统计，如表 6-5 所示。

喷淋头的清单计算规则　　　　　　　　　　　　　　　　　　表 6-5

项目编码	项目名称	项目特征	计量单位	工程量计算规则	工作内容
030901003	水喷淋（雾）喷头	1. 安装部位 2. 材质、型号、规格 3. 连接形式 4. 装饰盘材质、型号	个	按设计图示数量计算	1. 安装 2. 装饰盘安装 3. 严密性试验

（2）分析图纸

喷淋灭火系统通过设计说明可以得到喷头的规格及安装高度（图 6-44），通过主要材料表及图例，可以清楚不同喷头在平面图中的表示形式，如图 6-45 所示。

4. 喷头采用　DN15　直立型普通玻璃球闭式喷头,喷头动作温度均为　68℃ 温级。溅水盘与顶板的距离为75~150mm

图 6-44　设计说明（喷淋灭火系统）

—○ 平面　⌂ 系统	闭式喷头(上喷)
—○ 平面　⤵ 系统	闭式喷头(下喷)
—○ 平面　⤸ 系统	闭式喷头(侧喷)

图 6-45　图例说明（喷淋灭火系统）

2. 软件处理

（1）软件处理思路

喷头软件处理思路与消防器具相同（图 4-6），同样按照"列项→识别→检查→提量"四步流程思路进行算量。

（2）喷头统计

喷头与消防专业中的消防器具一样，也可以通过"设备提量"功能完成，它可以将相同图例的喷头一次性识别出来，从而快速完成数量统计。

"设备提量"具体操作步骤为：点击"设备提量"→选中需要识别的 CAD 图例→选择要识别成的构件→"选择楼层"→点击"确认"。

1）在导航栏选择喷头，点击工具栏识别喷头功能包"设备提量"功能。

2）选中需要识别的 CAD 图例：点选或者拉框选择要识别的喷头图例及标识（无标识可不选），被选中的喷头呈现蓝色，如图 6-46 所示。

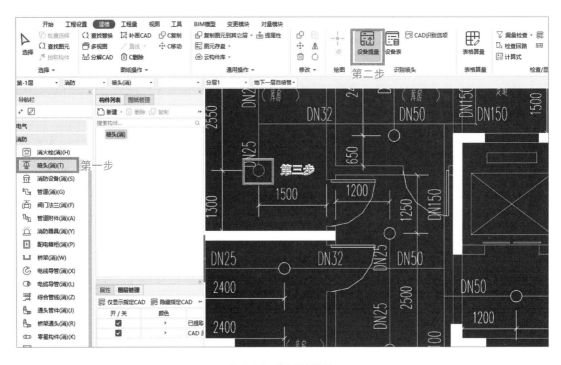

图 6-46 喷头设备提量

3）在弹出的"构件列表"窗口新建喷头，修改标高属性，选择需要识别的楼层，点击"确定"，即可完成所选楼层喷头的识别。

6.2.2 长度统计

1. 业务分析

（1）计算规则依据

从《通用安装工程工程量计算规范》GB 50856—2013 可以看出，统计喷淋管道工程量时需要区分不同的安装部位、材质、规格等按长度进行统计，如表 6-6 所示。

喷淋钢管的清单计算规则   表 6-6

项目编码	项目名称	项目特征	计量单位	工程量计算规则	工作内容
030901001	水喷淋钢管	1. 安装部位 2. 材质、规格 3. 连接形式 4. 钢管镀锌设计要求 5. 压力试验及冲洗设计要求 6. 管道标识设计要求	m	按设计图示管道中心线以长度计算	1. 管道及管件安装 2. 钢管镀锌 3. 压力试验 4. 冲洗 5. 管道标识

（2）分析图纸

通过设计说明可以得到喷淋灭火系统的危险等级（图 6-47），以及喷淋管道连接的方式（图 6-48），从平面图可以知道管道的走势以及管径信息，如图 6-49 所示。

四.自动喷水灭火系统

1.地下室设湿式自动喷水灭火系统,按中危险Ⅰ级设计,设计喷水强度为 $6L/min \cdot m^2$,作用面积 $160m^2$。

图 6-47 喷淋灭火系统设计说明

4.消火栓给水管道采用加厚型内外壁热镀锌钢管, DN<80丝扣连接, DN>80沟槽式卡箍连接。管道及附件公称压力为1.60MPa。自喷管道采用内外壁热镀锌钢管, DN<80丝扣连接, DN>80沟槽式卡箍连接。管道及附件公称压力为1.60MPa。

图 6-48 管道连接说明

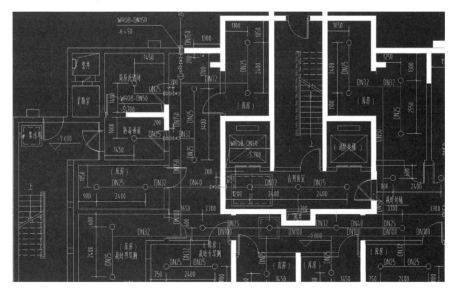

图 6-49 喷淋灭火系统平面图

2. 软件处理

（1）软件处理思路

喷淋管道软件处理思路同样是"列项→识别→检查→提量"四步流程（图4-6）。

（2）喷淋管道统计

在喷淋灭火系统常见的三种场景：①没有管径标识，图纸说明按照相关设计规范以及危险等级计算管道；②有管径标识，标识不全；③不同的管径标识，处于不同的图层，同时CAD线有断开。这些场景都可以使用"喷淋提量"功能快速完成喷淋管道计算。

"喷淋提量"具体操作步骤为：点击"喷淋提量"→拉框选择喷淋图纸→喷淋分区反查调整相关信息→点击"生成图元"

1）导航栏切换到"管道"，工具栏识别管道功能包括点击"喷淋提量"功能。

2）拉框选择某层整张喷淋图纸，如选择 –2 层自喷管道平面图，如图 6-50 所示。

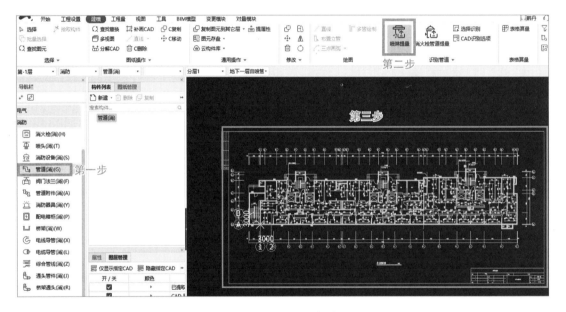

图 6-50 喷淋提量（一）

3）单击鼠标右键确定后弹出"喷淋分区反查"窗口，点击"设置危险等级"，在左侧弹出窗口中根据设计说明信息调整管道材质、管道标高、危险等级，勾选"优先按标注计算管径"（先考虑图纸标注，再考虑危险等级下的管径规格），如图 6-51 所示。

图 6-51　喷淋提量（二）

4）在喷淋分区反查中点击不同的分区，即可看到不同的分区亮显；点击"分区入水口"和"分区末端试水"，检查是否正确，如图 6-52 所示。

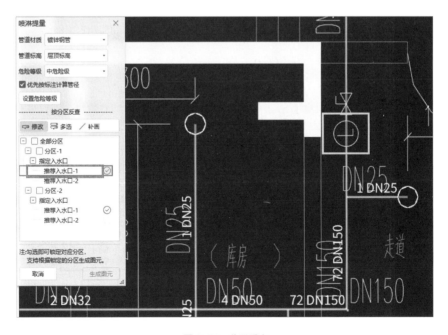

图 6-52　分区反查

5）喷淋分区反查全部调整修改完毕后，点击"生成图元"，喷淋管道图元全部生成，并且和喷头相连的立管也自动生成。不同的管径，软件自动用不同的颜色进行区分。

◆ 应用小贴士：

设计说明中镀锌钢管管径＞80采用沟槽式卡箍连接，管径≤80采用丝扣连接，软件是否能按说明计算对应的管件？

解决方法：通过"工程设置"页签下的"设计说明信息"进行调整即可。

具体操作步骤为：页签切换到"工程设置"→点击"设计说明"信息→水专业的页签找到消防水→调整修改，如图6-53所示。

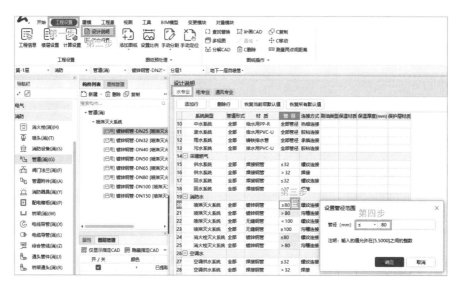

图6-53　设计说明信息

修改好之后，通过"图元查量"框选管道模型，同时可以查到管道工程量和按连接方式生成的连接件工程量，如图6-54所示。

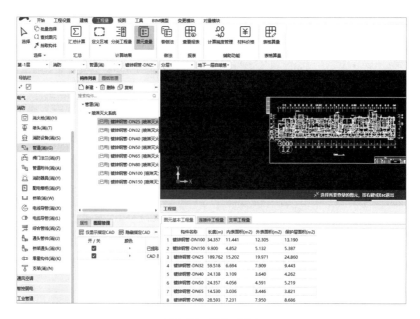

图6-54　管道工程量

6.2.3　管道附件

水平管道上的阀门法兰、管道附件都可以通过"设备提量"进行识别。立管上的阀门法兰等管道附件在平面图上表示不出来，往往在系统图中体现，可以通过"点"画的方式布置上去。

"设备提量"具体操作步骤为：导航栏切换到"阀门法兰"→工具栏识别阀门法兰功能包，点击"设备提量"→选中需要识别的 CAD 图例→新建阀门，修改属性→"选择楼层"→点击"确认"（图 6-55）。无须修改阀门规格型号，识别完成后，会根据所依附的管道规格型号自动生成。

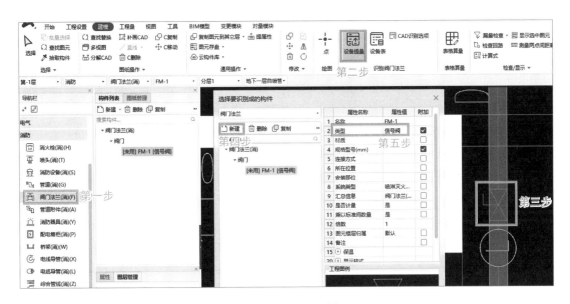

图 6-55　阀门法兰识别步骤

立管上阀门法兰"点"画操作步骤为：新建阀门→修改属性信息"类型"→点击"点"→点击立管→输入阀门标高信息→点击"自适应属性"→拉框选择或点选图元，单击鼠标右键确定→弹出窗口点击"确定"即可。

（1）新建阀门：按照材料表及图例修改阀门类型。

（2）工具栏绘图功能包点击"点"，布置在立管上，在弹出的窗口中输入阀门标高信息，确定后生成阀门，但是阀门的规格型号是空的。

（3）点击"自适应属性"，拉框选择或点选阀门图元，单击鼠标右键确定。

（4）弹出"构件属性自适应"窗口，在"规格型号"一行打钩，点击"确定"，阀门的规格型号即可按照管道型号自动刷新，如图 6-56 所示。

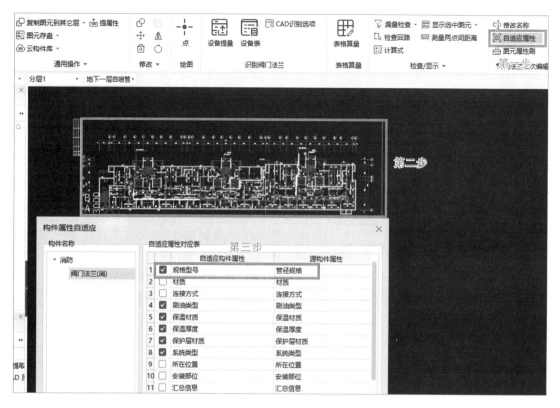

图 6-56   自适应属性

6.3   消火栓系统

消防工程中消火栓系统通常要计算的工程量如图 6-57 所示。

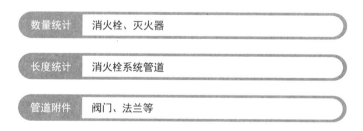

数量统计	消火栓、灭火器
长度统计	消火栓系统管道
管道附件	阀门、法兰等

图 6-57   消火栓系统需要计算的工程量

6.3.1   数量统计

1. 业务分析

（1）计算规则依据

从《通用安装工程工程量计算规范》GB 50856—2013 可以看出，统计消火栓及灭火器工程量需要区分不同的安装方式、规格等按数量进行统计，如表 6-7 所示。

消火栓的清单计算规则　　　　　　表 6-7

项目编码	项目名称	项目特征	计量单位	工程量计算规则	工作内容
030901010	室内消火栓	1. 安装方式 2. 型号、规格 3. 附件材质、规格	套	按设计图示数量计算	1. 箱体及消火栓安装 2. 配件安装
030901011	室外消火栓				1. 安装 2. 配件安装
030901013	灭火器	1. 形式 2. 型号、规格	具 (组)		设置

（2）分析图纸

图纸设计说明中可以查询到消火栓的类型和规格（图 6-58），若图纸中没有明确告知消火栓的栓口高度，可以根据主要材料表中备注的图集及规格型号查到图集对应的位置，计算出栓口的高度，如图 6-59 所示。

序号	名　称	型　号　规　格	数量	备　注
1	普通旋翼式水表	湿式 DN20,PN=1.60MPa	按图计	计量
2	试验消火栓	SG24A65-J消防箱	1套	GB04S202-16
3	室内消火栓	SG18D65Z-J(单栓)	120套	GB04S202-24

图 6-58　消火栓设计说明

b.住宅部分消火栓均采用 SG18D65Z-J(单栓)组合式消防柜,尺寸为 :1800x700x180。消防柜内配有DN65消火栓阀一个,麻质衬胶水龙带 25m长一条, Ø19直流水枪一支, 25米消防软管卷盘一个, MF/ABC4型手提式磷酸铵盐干粉灭火器二具等,详见国标 04S202-24。

图 6-59　消火栓材料表

2. 软件处理

（1）软件处理思路

消火栓系统设备构件处理同样是"列项→识别→检查→提量"（图 4-6）。

（2）消火栓统计

根据室内消火栓安装图集 04S202，栓口高度为距地 1100m，以柜式消火栓为例，支管高度 =1100–220–100=780mm，如图 6-60 所示。

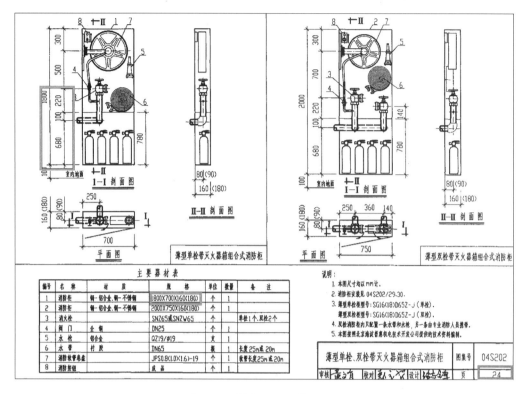

图 6-60　图集 04S202 第 24 页

消火栓识别具体操作步骤为：点击"消火栓"→选择要识别为消火栓的 CAD 图元→修改消火栓参数设置→修改消火栓支管参数设置→确定生成。

1）导航栏切换到"消火栓"，工具栏识别消火栓功能包点击"消火栓"功能

2）选择要识别成消火栓的 CAD 图元，单击鼠标右键确定，如图 6-61 所示。

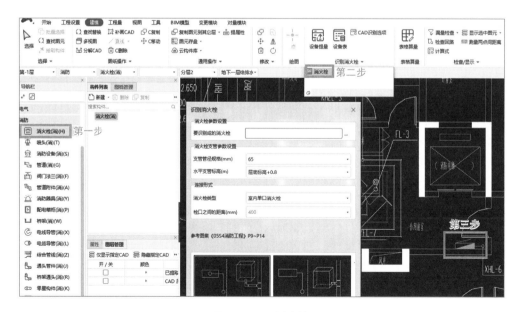

图 6-61　识别消火栓

3）消火栓参数设置中，选择要识别成的消火栓，软件自动建立消火栓构件，修改属性信息，如消火栓高度、栓口高度，如图 6-62 所示。

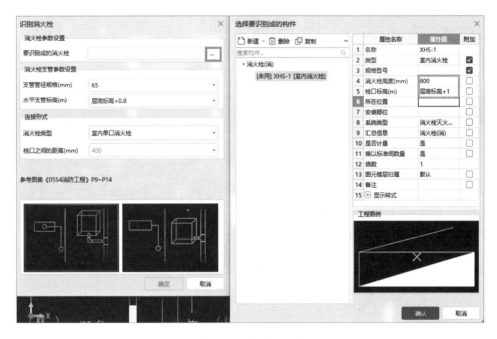

图 6-62　消火栓参数设置

4）消火栓支管参数设置中，修改支管管径、水平支管标高、消火栓类型，以及消火栓支管连接方式图例。修改完毕后，"确定"生成。消火栓以及消火栓水平支管都生成对应的图元，如图 6-63 所示。

图 6-63　消火栓支管参数设置

6.3.2 长度统计

1.业务分析

（1）计算规则依据

从《通用安装工程工程量计算规范》GB 50856—2013 可以看出，统计消火栓管道工程量时需要区分不同的安装部位、材质、规格等按中心线长度进行计算，如表 6-8 所示。

消火栓管道的清单计算规则　　　　　　　　　　表 6-8

项目编码	项目名称	项目特征	计量单位	工程量计算规则	工作内容
030901002	消火栓钢管	1. 安装部位 2. 材质、规格 3. 连接形式 4. 钢管镀锌设计要求 5. 压力试验及冲洗设计要求 6. 管道标识设计要求	m	按设计图示管道中心线以长度计算	1. 管道及管件安装 2. 钢管镀锌 3. 压力试验 4. 冲洗 5. 管道标识

（2）分析图纸

图纸设计说明对消火栓给水管的材质以及连接方式（图 6-64）等信息会有相关说明，消火栓水平管系统图可以读取管道标高以及管径（图 6-65），从消火栓立管系统图可以知道整楼立管的管径（图 6-66），在平面图上可以知道水平管和立管的位置，计算管道长度，如图 6-67 所示。

4.消火栓给水管道采用加厚型内外壁热镀锌钢管，DN≤80丝扣连接，DN>80沟槽式卡箍连接。管道及附件公称压力为1.60MPa。自喷管道采用内外壁热镀锌钢管，DN≤80丝扣连接，DN>80沟槽式卡箍连接。管道及附件公称压力为1.60MPa。

图 6-64　消火栓给水管说明

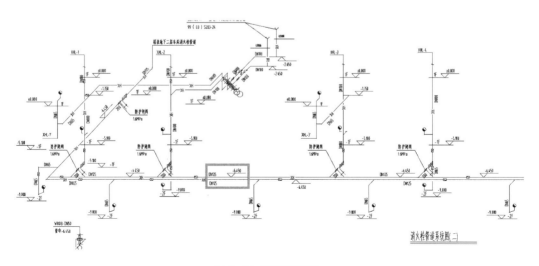

图 6-65　消火栓系统图

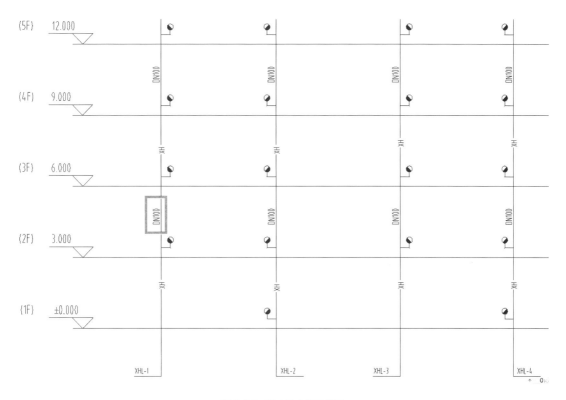

图 6-66　消火栓立管系统图

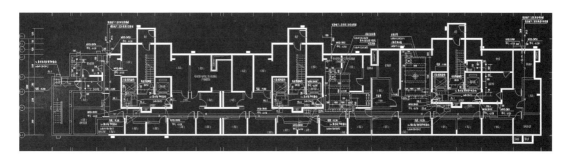

图 6-67　消火栓系统平面图

2.软件处理

（1）软件处理思路

消火栓系统管道处理思路与其他构件相同，即列项→识别→检查→提量（图 4-6）。

（2）消火栓管道统计

1）列项

新建消火栓管道具体步骤为：导航栏切换到"管道"→点击"新建"→修改管道属性信息（系统类型、材质、管径），如图 6-68 所示。

图 6-68　新建消火栓管道

2）识别

消火栓灭火系统管道常见的识别有"直线"绘制和"按系统编号识别"。

"直线"绘制具体操作步骤为：选择构件→点击"直线"→输入安装高度→绘制。

①在构件列表中选择消火栓灭火系统对应的管道。

②点击"直线"，弹出窗口，输入标高，绘制水平管（图 6-69）。

③绘制过程中遇到水平管标高发生变化时，先在"安装高度"中调整标高，再绘制。水平管标高按调整后标高生成，且不同标高的水平管间自动生成立管。

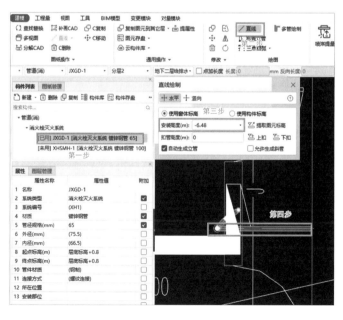

图 6-69　"直线"绘制

"按系统编号识别"原理：将同一个系统下连续的管道一次性全部识别，可以按照系统类型、管径标识，反建构件自动匹配属性。

"按系统编号识别"具体操作步骤为：点击"按系统编号识别"→选择代表管线的 CAD 和标识→反查路径→建立 / 匹配构件→确定生成。

①点击"按系统编号识别"，选择代表管线的 CAD 线和管径标识，单击鼠标右键确定，如图 6-70 所示。

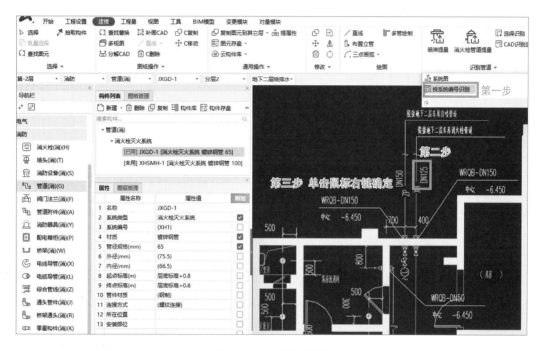

图 6-70　按系统编号识别

②在弹出的窗口中路径反查，如图 6-71 所示。

图 6-71　路径反查

③点击"建立 / 匹配构件"，如果构件列表中有建好的构件，会根据管径自动匹配，如果构件列表没有建立对应管径的构件，则会根据管径自动反建构件，如图 6-72 所示。

图 6-72　建立 / 匹配构件

3）检查

消火栓系统以及喷淋灭火系统管道识别完毕，均可通过"检查回路"判断回路是否通畅，以及是否和消火栓或喷头相连。

"检查回路"具体操作步骤为：点击"检查回路"→点选回路上某一根管线→查看回路完整性及工程量，如图 6-73 所示。

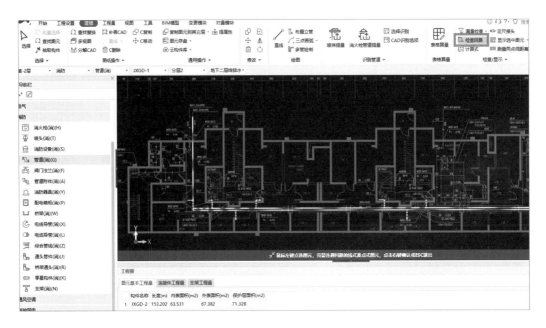

图 6-73　检查回路

第7章 工程量计算—通风空调篇

本章内容为通风空调专业工程量的计算，主要讲解空调风系统和空调水系统工程量计算的思路、功能、注意事项及软件处理技巧。

7.1 通风空调—风系统

空调风系统通常要计算的工程量如图 7-1 所示。

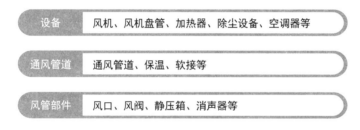

图 7-1 空调风系统需要计算的工程量

7.1.1 空调风系统—数量统计

1. 业务分析

（1）计算规则依据

从《通用安装工程工程量计算规范》GB 50856—2013 可以看出，统计空调风系统通风设备工程量时需要区分不同的名称、型号、规格、安装形式等按设计图示数量计算，如表 7-1 所示。

空调风系统通风设备的清单计算规则 　　　　　　　　表 7-1

项目编码	项目名称	项目特征	计量单位	工程量计算规则	工作内容
030701003	空调器	1. 名称 2. 型号 3. 规格 4. 安装形式 5. 质量 6. 隔振垫（器）、支架形式、材质	台（组）	按设计图示数量计算	1. 本体安装或组装、调试 2. 设备支架制作、安装 3. 补刷（喷）油漆
030701004	风机盘管	1. 名称 2. 型号 3. 规格 4. 安装形式 5. 减振器、支架形式、材质 6. 试压要求	台		1. 本体安装、调试 2. 支架制作、安装 3. 试压 4. 补刷（喷）油漆

（2）分析图纸

空调风系统中，空调设备一般需要参考的图纸包括设计说明信息、施工设计说明以及平面布置图。从设计说明信息中获取主要设备表，设备表中包括通风设备的具体信息：设备编号、设备名称、型号等（图7-2）。从施工设计说明中一般可以获得空调设备的安装高度（图7-3），从平面布置图中可以获得通风设备的具体位置，如图7-4所示。

主要设备表

序号	设备编号	设备名称	型号	性能参数		数量	单位	备注
1	XF-1	新风处理机组	DBFP31	风量:3000 m³/h³ 风压:321 Pa 制冷量:16.9 KW 制热量:32.10 KW 电量:0.55/4 KW		5	台	卫生间吊顶内安装,各空调房间新风 重量:107Kg/台
2	XF-2	新风处理机组	DBFP10	风量:10000 m³/h³ 风压:180 Pa 制冷量:113.2 KW 电量:3/4 KW		1	台	厨房吊顶的安装厨房补风 重量:270Kg/台
3	PQ-1	吸顶式排气扇	BLD-400	风量:400 m³/h³ 风压:100 Pa 电量:60 W		10	台	排气扇自带止回阀装置
4	PQ-2	吸顶式排气扇	BLD-180	风量:180 m³/h³ 风压:100 Pa 电量:40 W		5	台	排气扇自带止回阀装置
5	PF-2	壁挂式排气扇		风量:400 m³/h³ 风压:100 Pa 电量:60 W		5	台	浴室、更衣、泵房、配电
6	PF-3	混流风机		风量:4500 m³/h³ 风压:250 Pa 电量:0.75 W		1	台	卫生间排风
7	FP-003	卧式暗装风机盘管		风量:440 m³/h³ 制冷量:2820 W 制热量:4700 W 电量:65 W		11	台	
8	FP-004	卧式暗装风机盘管		风量:590 m³/h³ 制冷量:3740 W 制热量:6260 W 电量:84 W		82	台	
9	FP-005	卧式暗装风机盘管		风量:720 m³/h³ 制冷量:4500 W 制热量:7500 W 电量:105 W		16	台	

图 7-2   空调风系统通风设备主要设备表

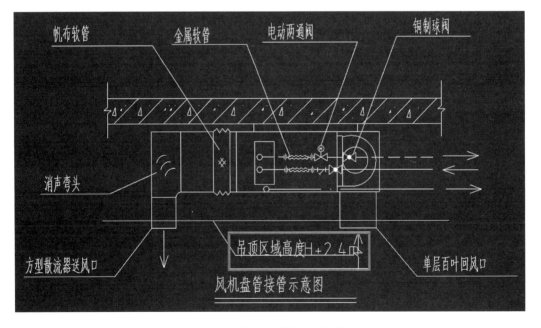

图 7-3   空调风系统通风设备安装详图

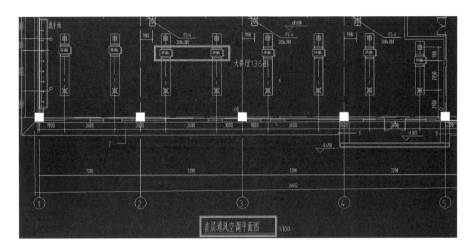

图 7-4 空调风系统通风设备平面布置图

2. 软件处理

（1）软件处理思路

软件处理思路与手算思路类似（图 4-6），即列项→识别→检查→提量。先进行列项告诉软件需要计算什么，通过识别的方式建立三维模型，识别完成后检查是否存在问题，确认无误后进行提量查量。

（2）列项＋识别

空调风系统中通风设备的列项与识别可同步进行，软件提供两种功能。

1）通风设备：此功能可以快速识别同系列的设备，如风机盘管 FP003、FP004…为同系列设备。此功能可快速完成同系列通风设备工程量的统计。具体操作步骤为："通风设备"→选择要识别的通风设备和标识→修改属性信息。

①点击"通风设备"：注意在导航栏通风空调专业下选择"通风设备"，点击工具栏"识别通风设备"的"通风设备"功能，如图 7-5 所示。

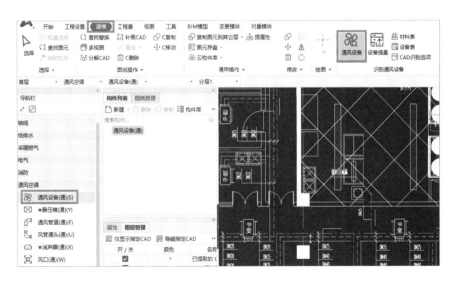

图 7-5 空调风系统通风设备功能

②选择要识别的通风设备和标识：单击鼠标左键选择平面图中通风设备图例，注意有标识的需要同时提取通风设备标识，软件中图例、标识选中则显示蓝色，如图7-6所示。

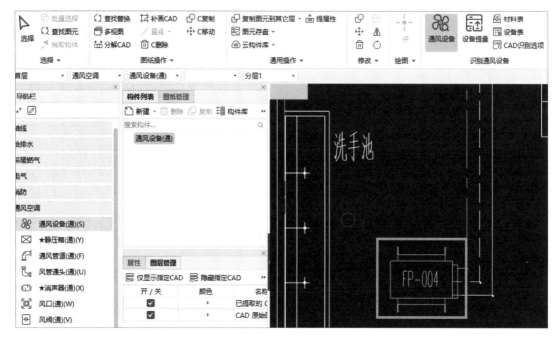

图7-6　空调风系统通风设备CAD选中显示蓝色

③修改属性信息：单击鼠标右键弹出"构件编辑窗口"，修改通风设备的类型、规格型号、设备高度、标高，注意选择楼层，可以一次识别一层，也可以一次识别多层，如图7-7所示。

图7-7　空调风系统通风设备属性窗口

2）设备提量：相同图例的设备一次性识别可以通过"设备提量"功能完成，从而快速完成数量统计。具体操作步骤为："设备提量"→选择图例标识→修改属性信息。

①点击"设备提量":注意导航栏通风空调专业下选择"通风设备",点击工具栏"识别通风设备"中的"设备提量"功能,如图7-8所示。

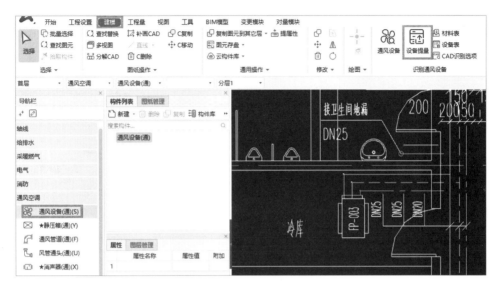

图7-8 空调风系统"设备提量"功能

②选择图例标识:单击鼠标左键选择平面图中通风设备图例,有标识的注意同时提取设备标识。软件中图例、标识选中则显示蓝色(同图7-6)。

③修改属性信息:点击"新建""新建通风设备",修改通风设备的类型、规格型号、设备高度、标高,选择楼层,可以一次识别一层,也可以一次识别多层,还可以根据工程情况选择识别范围,如图7-9所示。

图7-9 空调风系统通风设备设备提量的新建

◆ 应用小贴士：

采用"通风设备"功能识别数量为 0，一般是由于设备标识位置距离图例较远。此时调整 CAD 识别选项中的默认距离即可。

具体操作步骤为：打开"CAD 识别选项"→修改"选中标识和要识别 CAD 图例或者选中标识和要识别 CAD 线之间的最大距离（mm）"。具体修改的数值因图纸而定，可以实际测量标识和图例之间的距离，再将此处的数值修改为比测量数据稍大的数值即可。因 CAD 图纸所产生的类似识别问题，均可通过 CAD 识别选项进行调整，如图 7-10 所示。

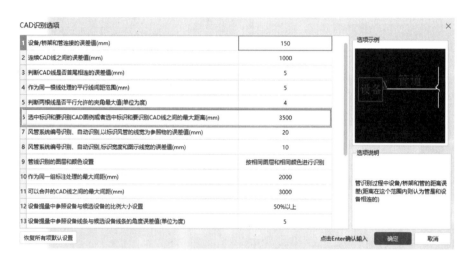

图 7-10　空调风系统通风设备的 CAD 识别选项

（3）检查

通风设备识别完成后，可以采用不同的方式进行检查：

1）"CAD 图亮度"："CAD 图亮度"的原理是通过调整 CAD 底图的亮度核对图元是否已识别，快速查看图纸哪些通风设备已识别，哪些未识别。亮显图元代表已识别，未亮显图元代表未识别，如图 7-11 所示。

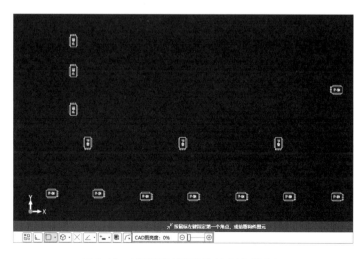

图 7-11　空调风系统通风设备的 CAD 图亮度

2）"双击构件列表检查"：可通过双击构件列表直观查看当前层已识别的设备工程量，如图 7-12 所示。

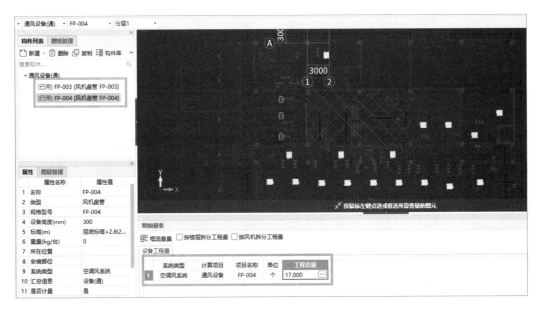

图 7-12　空调风系统"双击构件列表检查"功能

3）"设备表"：点击"设备表"功能即可进行全楼层设备统计，双击数量可定位反查，并且可以将工程量导出到 Excel，如图 7-13 所示。

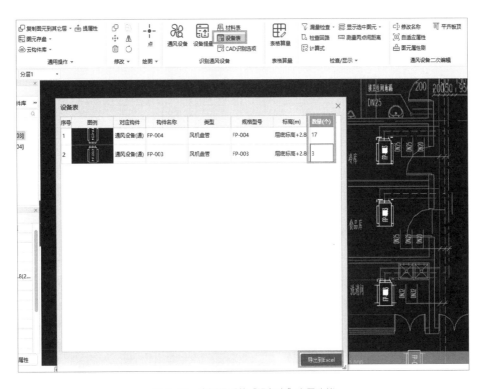

图 7-13　空调风系统"设备表"查量功能

（4）提量

数量统计完成，可以使用"图元查量"查看已提取的工程量。具体操作步骤为：切换到通风设备下功能包"工程量"→点击"图元查量"→拉框选择需要查量的范围→图元基本工程量，如图7-14所示。

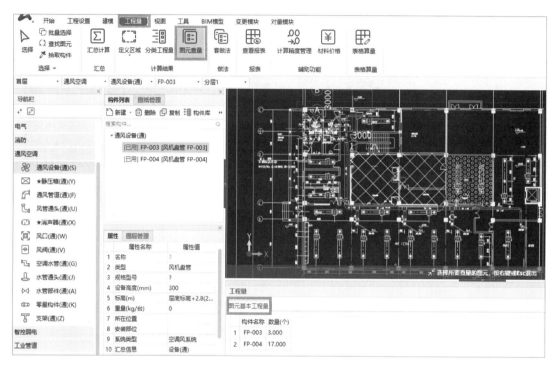

图7-14　空调风系统通风设备图元查量

7.1.2　空调风系统—管道统计

1.业务分析

（1）计算规则依据

从《通用安装工程工程量计算规范》GB 50856—2013可以看出，统计空调风系统通风管道工程量时需要区分不同的名称、材质、形状、规格、板材厚度等按设计图示尺寸以展开面积计算，如表7-2所示。

空调风系统通风管道的清单计算规则　　　　　　　　　　　　　　　　　　　表7-2

项目编码	项目名称	项目特征	计量单位	工程量计算规则	工作内容
030702001	碳钢通风管道	1.名称 2.材质 3.形状 4.规格 5.板材厚度 6.管件、法兰等附件及支架设计要求 7.接口形式	m²	按设计图示内径尺寸以展开面积计算	1.风管、管件、法兰、零件、支吊架制作、安装 2.过跨风管落地支架制作、安装
030702002	净化通风管道				

项目编码	项目名称	项目特征	计量单位	工程量计算规则	工作内容
030702003	不锈钢板通风管道	1. 名称 2. 形状 3. 规格 4. 板材厚度 5. 管件、法兰等附件及支架设计要求 6. 接口形式	m²	按设计图示内径尺寸以展开面积计算	1. 风管、管件、法兰、零件、支吊架制作、安装 2. 过跨风管落地支架制作、安装
030702004	铝板通风管道				
030702005	塑料通风管道				

（2）分析图纸

通风管道信息一般需要参考设计说明信息以及平面图。设计说明信息中一般能得到通风管道的材质、保温（图7-15），平面图中一般能得到通风管道的具体位置、尺寸信息、系统类型（图7-16）以及通风管道的高度（图7-17），以下图纸信息仅供参考，具体信息根据图纸判定。

九、施工说明：

1. 管材及附件：

a. 水管：空调采暖管道均采用热镀锌钢管，管径小于等于100mm采用螺纹连接，大于100mm采用法兰连接。冷凝水管道采用热镀锌钢管，螺纹连接。

b. 风管：空调、通风风管均采用镀锌钢板制作，厚度及加工方法按《通风与空调工程施工质量验收规范》GB50243-2017的规定进行。

2. 工作压力：空调采暖系统设计工作压力为0.40MPa。

3. 试压：空调水管、采暖管道安装完毕保温之前，应进行水压试验做水压试验，做法按《通风与空调工程施工及验收规范》(GB50243-2002)第 9.2.3条的要求进行。

4. 保温：热力入口、管井、吊顶内及其他有凝结危险或保冷要求的冷热水管道均应做保温。

a. 水管：冷热水管道保温厚度参照DB11/687-2009附录G，保温材料采用离心玻璃棉，管径≤DN40，保温厚度35mm，DN50~DN100，保温厚度40mm；冷凝水管道做防结露保温，保温材料采用离心玻璃棉，保温厚度13mm。

b. 风管：空调风管保温材料采用玻璃棉，保温厚度25mm，具体做法见图集《91SB6-1》-P53。

图 7-15　空调风系统通风管道设计说明信息

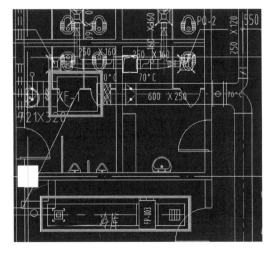

图 7-16　空调风系统通风管道平面布置图（一）

注：
1.风管管底标高均为H+2.80,H为本层地面标高;
2.风机盘管安装可根据装修情况调整。送风口采用方型散流器,侧送时采用双层百叶风口,回风口采用可拆卸单层百叶风口,并设过滤网。未标注风口尺寸见下表。
3.新风机组XF-1出卫生间隔墙处设置70°C防火阀,防火阀70°C熔断,联锁关闭新风机组。信号返回传送至消防控制中心,防火阀手动复位。
70°C防火阀可由消防控制中心电控。

风机盘管编号	送风口尺寸	回风口尺寸	备注
FP-3	350x350	350x350	
FP-4	350x350	350x350	
FP-5	350x350	350x350	

图 7-17　空调风系统通风管道平面布置图（二）

2. 软件处理

（1）软件处理思路

空调风系统通风管道的软件处理思路与空调风系统通风设备的软件处理思路相同（图4-6），即列项→识别→检查→提量。

（2）列项＋识别

通风管道的列项与识别可同步进行，软件提供两种功能。

1）系统编号：通风管道统计展开面积可以通过"系统编号"功能完成，它可以将同一系统类型的通风管道一次性识别出来，并能反建构件，从而快速完成展开面积的统计。

"系统编号"识别具体操作步骤为：点击"系统编号"→选中需要识别的通风管道两侧边线、标识→修改"构件编辑窗口"信息→"确认"完成。

①点击"系统编号"功能：导航栏通风空调专业选择通风空调，在工具栏"识别通风管道"功能包中选择"系统编号"功能，如图 7-18 所示。

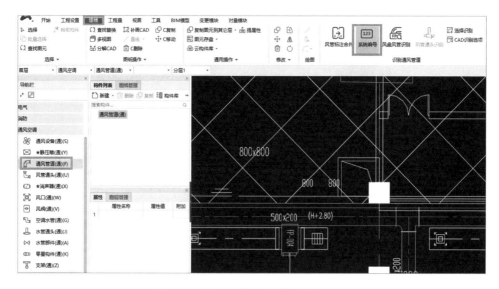

图 7-18　空调风系统通风管道系统编号识别

②选中需要识别的通风管道两侧边线、标识：在绘图区域选中需要识别的通风管道两侧边线和标注，边线、标注选中则显示蓝色，如图 7-19 所示。

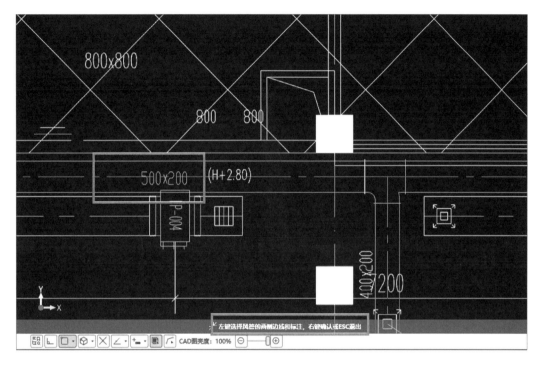

图 7-19　空调风系统通风管道 CAD 标识选中显示蓝色

③修改"构件编辑窗口"信息：单击鼠标右键弹出"构件编辑窗口"，注意修改通风管道的系统类型、系统编号、材质、标高、保温材质、保温厚度等（图 7-20）。"构件编辑窗口"信息输入越全面，后期出量维度越详细。

图 7-20　空调风系统通风管道系统编号识别属性窗口确认

2）风盘风管识别：通风管道的识别也可以通过"风盘风管识别"功能完成，它可以一次性识别所有楼层不同规格型号的风管（同图层、颜色），并能反建构件，从而快速完成风管面积的统计。

"风盘风管识别"具体操作步骤为：点击"风盘风管识别"→选中需要识别的通风管道的两侧边线、标识→"新建"修改"构件编辑窗口"信息→"确认"完成。

①点击"风盘风管识别"：注意在"建模"页签下通风空调专业中选择"风盘风管识别"功能，如图7-21所示。

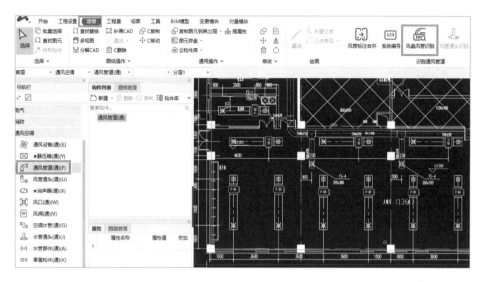

图 7-21　空调风系统通风管道风盘风管识别

②选中需要识别的通风管道的两侧边线、标识：选择平面图中通风管道的两侧边线，有标注也要选中标注。选中的管道边线或者标注显示蓝色，如图7-22所示。

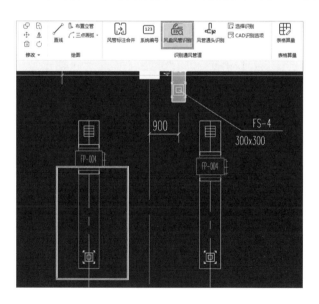

图 7-22　空调风系统通风管道风盘风管识别选中显示蓝色

③"新建"修改"构件编辑窗口"信息：单击鼠标右键弹出选择要识别成的构件窗口，点击"新建"，根据图纸选择矩形风管还是圆形风管，修改属性窗口中的名称、系统类型、系统编号、材质、宽度、高度、标高、软接头、刷油保温信息（图 7-23）。注意图纸中风管没有标注的情况才需要"新建"风管；如果图纸中风管有尺寸标识，软件可以按照标注尺寸自动反建构件。

图 7-23　空调风系统通风管道风盘风管识别新建信息

◆　应用小贴士：

1. 通风管道识别完成，通风管道通头处断开（图 7-24）的处理方法："风管通头识别"或者"延伸"。

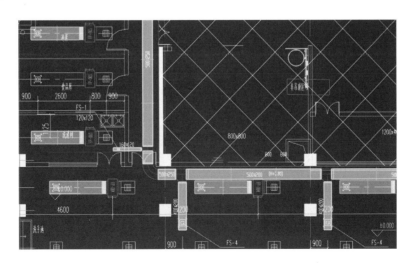

图 7-24　空调风系统通风管道无通头

（1）识别完风管之后，需要通过"风管通头识别"功能完成通头的识别，保证风管工程量的正确计算（图 7-25），具体操作步骤为：点击"风管通头识别"→点选或者框选要识别通头的风管→单击鼠标右键确认，识别效果如图 7-26 所示。

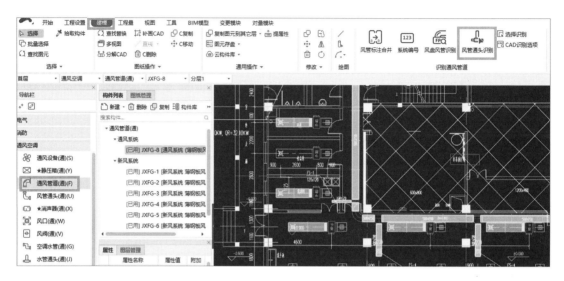

图 7-25　空调风系统通风管道风管通头识别

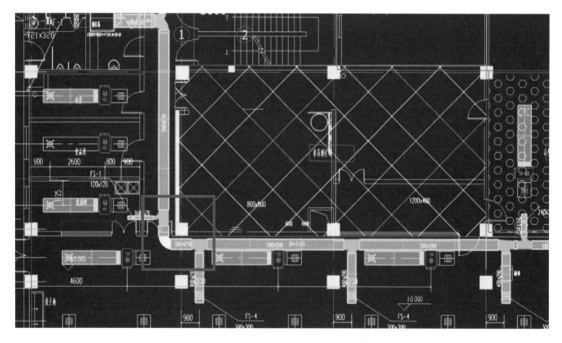

图 7-26　空调风系统通风管道风管通头识别效果

（2）图纸原因导致风管通头没有办法识别，通过选中风管，单击鼠标右键"延伸"功能（图 7-27）使风管相交，完成风管通头的识别。

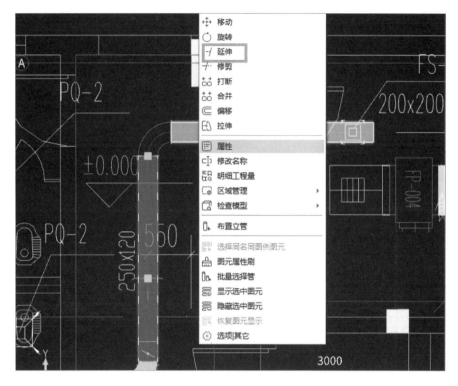

图 7-27 空调风系统通风管道风管单击鼠标右键"延伸"

2. 识别风管时提示"请选择两条平行线和一个截面标注进行识别"（图 7-28）的处理方法：采用"风管标注合并"功能。

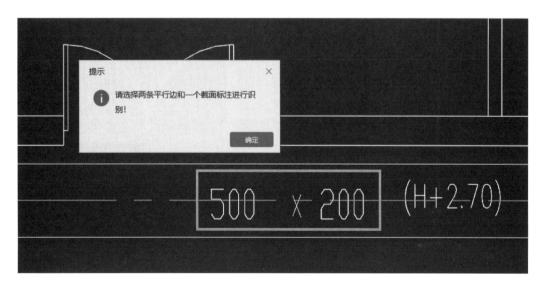

图 7-28 空调风系统通风管道识别提示

出现上述问题的原因是：图纸中风管标注不是整体。需要通过"风管标注合并"功能将图纸中的风管标注进行合并（图 7-29），快速将当前楼层分离的风管标注合并为一个标注，合并完成再识别风管即可。

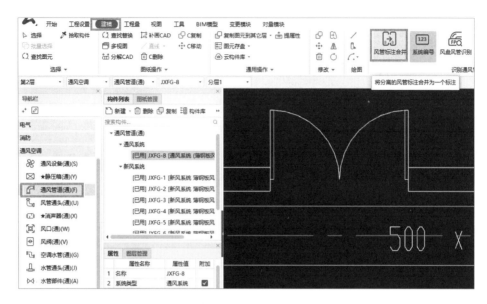

图 7-29　空调风系统通风管道风管标注合并

3. 软接头的处理方法：软件在通风设备与风管连接处会自动生成软接头。

设备与风管连接处的黄色图元即为软接头，防止设备在运转时与风管发生摩擦，生成软接头之后风管在计算长度时软件会默认扣掉 200mm 的软接头长度，此长度可以根据图纸的实际情况通过风管的私有属性调整（构件属性中黑色字体为私有属性，蓝色字体为公有属性）。

4. 图纸中风管的实际线宽与标注的风管线宽误差较大（如风管实际线宽为 180mm，但是图纸标注宽度为 200mm），导致风管无法识别的处理方法：调整 CAD 识别选项。

软件在识别风管时考虑了图纸可能存在的误差范围，误差值范围之内可以识别，误差值范围之外无法识别。软件默认为 10mm，即实际线宽与标注线宽的误差在 10mm 以内则无须调整，反之则将此数值调大即可。一般情况下此项数值无须调整，如图 7-30 所示。

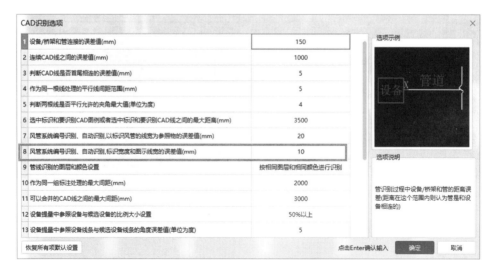

图 7-30　空调风系统通风管道 CAD 识别选项

5. 工程中不同风盘类型对应的风管尺寸可能不同（图 7-31），结合风盘的管道规格要求修改风机盘管的管道尺寸的方法：采用"批量选择管"功能。

风机盘管编号	风管尺寸	送风口尺寸	回风口尺寸	备注
FP-3	620×200	300×300	400×250	
FP-4	700×200	350×350	400×250	
FP-5	800×200	400×400	500×250	

图 7-31　空调风系统不同风盘类型对应不同的风管尺寸

"批量选择管"具体操作步骤为：点击"批量选择管"→点选或者框选要修改尺寸的风管→单击鼠标右键确认→选择相应的管道、与管相连的设备、管类型→点击"确定"→单击鼠标右键→"修改名称"→选择要调整的目标构件。

点击"批量选择管"：在"建模"页签下，导航栏选择通风空调中选择通风管道，在工具栏的"通风管道二次编辑"功能包中点击"批量选择管"功能，如图 7-32 所示。

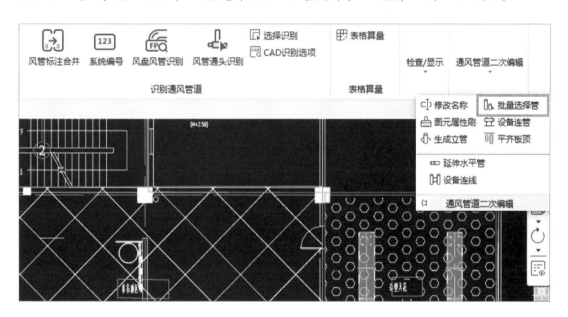

图 7-32　空调风系统通风管道尺寸修改"批量选择管"功能

点选或者框选要修改尺寸的风管：建议整体框选，后续可以通过选择相应的管道、与管相连的设备、管类型快速找到需要调整尺寸的通风管道，如图 7-33 所示。

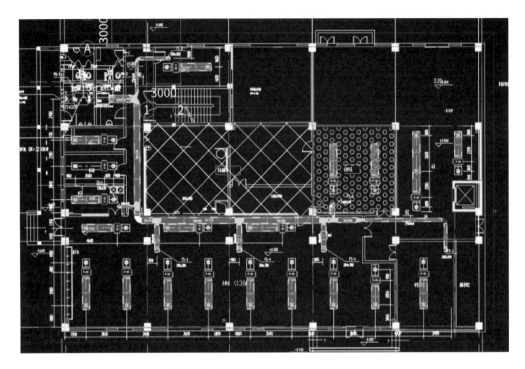

图 7-33　空调风系统批量选择管框选管道

　　选择相应的管道、与管相连的设备、管类型：按需求选择想要修改的通风管道、管道所连接的设备、管类型，选择完成后点击"确定"，软件会自动选择与勾选与规则匹配的通风管道，如图 7-34 所示。

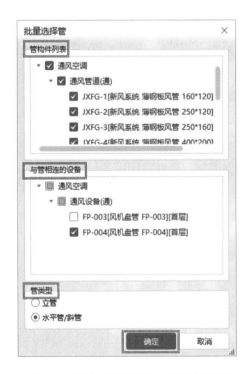

图 7-34　空调风系统通风管道尺寸修改管道选择

"修改名称"→选择要调整的目标构件：因为风管的尺寸信息是公有属性（蓝色字体），所以不能直接进行属性的修改，否则所有该尺寸的风管尺寸都会发生变化。单击鼠标右键→"修改名称"，根据图纸要求选择目标构件，即选择将选中的风管图元修改为何种尺寸的风管，达到批量修改的效果，如图 7-35 所示。

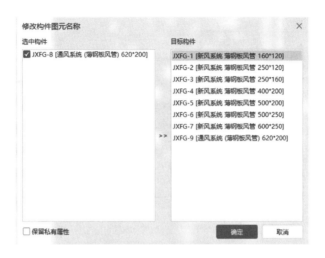

图 7-35　空调风系统通风管道尺寸调整

（3）检查

识别过程中可以结合"计算式"功能查看通风管道的详细计算结果，针对计算结果有疑问的，可以直接双击计算式中的结果进行定位。具体操作步骤为：点击工具栏"检查/显示"功能包中的"计算式"功能→查看具体计算式及计算结果→双击计算结果单元格定位进行具体查看，如图 7-36 所示。

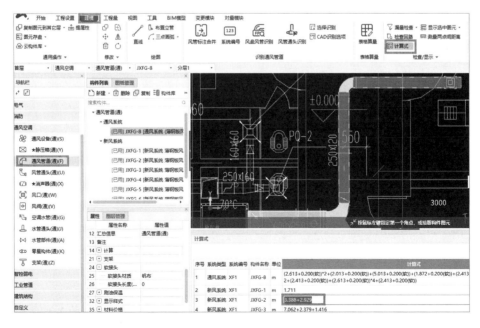

图 7-36　空调风系统通风管道计算式

（4）提量

风管识别过程中，仍然可以使用"图元查量"查看已提取的工程量。具体操作步骤为：切换至"工程量"页签→点击"图元查量"→拉框选择需要查量的范围→基本工程量，如图 7-37 所示。

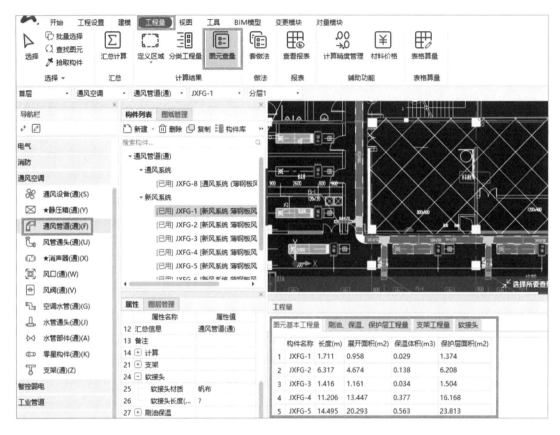

图 7-37 空调风系统通风管道的图元查量

7.1.3 空调风系统—风管部件统计

1. 业务分析

（1）计算规则依据

从《通用安装工程工程量计算规范》GB 50856—2013 可以看出，统计风管部件工程量时需要区分不同的名称、规格、型号、类型等按设计图示数量计算，如表 7-3 所示。

空调风系统风管部件的清单计算规则   表 7-3

项目编码	项目名称	项目特征	计量单位	工程量计算规则	工作内容
030703001	碳钢阀门	1. 名称 2. 型号 3. 规格 4. 质量 5. 类型 6. 支架形式、材质	个	按设计图示数量计算	1. 阀体制作 2. 阀体安装 3. 支架制作、安装

续表

项目编码	项目名称	项目特征	计量单位	工程量计算规则	工作内容
030703007	碳钢风口、散流器、百叶窗	1. 名称 2. 型号 3. 规格 4. 质量 5. 类型 6. 形式	个	按设计图示数量计算	1. 风口制作、安装 2. 散流器制作、安装 3. 百叶窗安装

（2）分析图纸

根据图纸实际情况确定风管部件的规格型号以及安装位置，其中风口、风阀最具代表性，如图 7-38 所示。

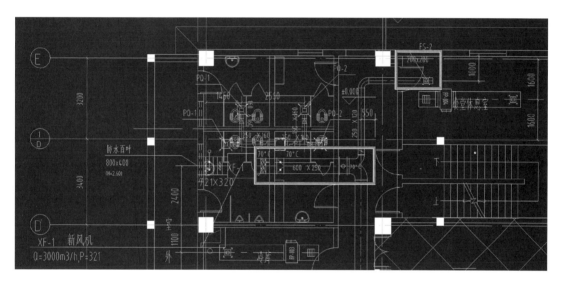

图 7-38　空调风系统风管部件平面布置图

2. 软件处理

（1）软件处理思路

空调风系统风管部件的软件处理思路与空调风系统通风设备的软件处理思路相同（图 4-6），即列项→识别→检查→提量。风管部件属于依附构件，所以必须先识别风管再识别风管部件。

（2）列项＋识别

本节主要讲解风口与风阀的工程量统计，这两类构件的列项与识别可同步进行。针对风口工程量的统计，软件提供了两个功能："系统风口提量""风盘风口提量"。针对风阀工程量的统计，软件提供了"风阀提量"功能

1）系统风口提量：软件提供"系统风口提量"功能，可以一次性识别图纸中所有相同图例，并按系统类型归纳统计风口工程量，且列项与识别同步进行。具体操作步骤为：点击"系统风口提量"功能→选择系统风口图例→单击鼠标右键确认→设置识别范围，修改

风口信息，点击"确定"完成。

　　点击"系统风口提量"功能：导航栏选择通风空调专业的风口（通），在工具栏识别风口功能包下选择"系统风口提量"功能，如图7-39所示。

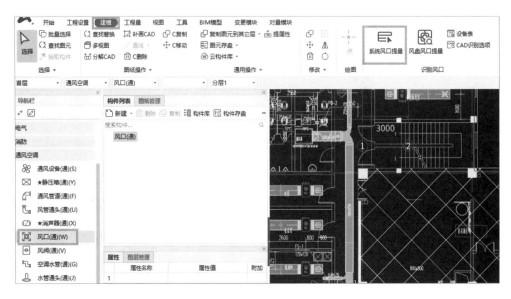

图 7-39　空调风系统"系统风口提量"功能

　　选择系统风口图例：单击鼠标左键选择平面图中风口图例，单击鼠标右键确认，软件中图例选中则显示蓝色。

　　设置识别范围：软件提供了"全图识别"和"指定范围识别"两种。"全图识别"可以识别图纸中所有相同图例的风口，而"指定范围识别"是指可以自定义指定要识别的风口范围，如工程中相同图例的风口有不同设计要求时可以使用，如图7-40所示。

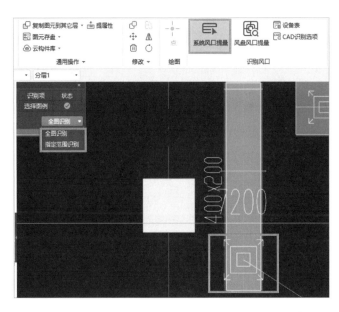

图 7-40　空调风系统"系统风口提量"设置识别范围

　　修改风口信息：选择识别范围后，弹出"设置风口属性"窗口，对于已连接风管的风口按系统类型分组显示，对于未连接风管的风口则以独立风口的形式分组显示，双击"系统 / 明细"单元格可以定位到风口位置进行具体信息的查看，如图 7-41 所示。

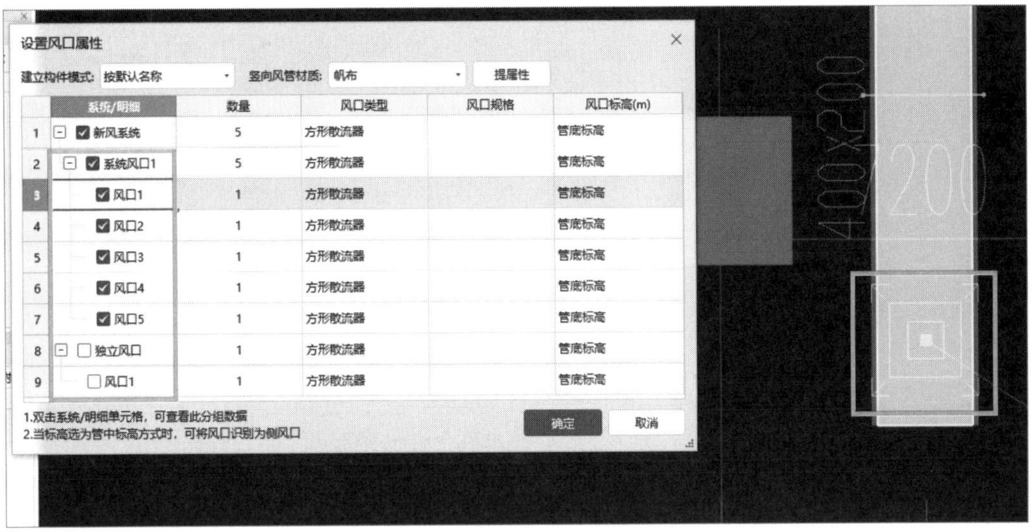

图 7-41　空调风系统"系统风口提量"设置风口属性窗口

　　针对需要修改"建立构件模式"，软件提供两种模式："按默认名称"和"选择构件"。选择"按默认名称"，软件会自动按风口类型、规格及系统类型自动建立构件，而"选择构件"是指使用构件列表中已有的构件，可以自行选择采用哪种模式（图 7-42），之后按图纸要求调整风口类型（可手动输入或下拉选择）、风口规格（可使用"提属性"功能或手动输入）、风口标高等。如果风口和风管之间有竖向风管连接可以设置"竖向风管材质"，调整完成后点击"确定"完成识别，如图 7-43 所示。

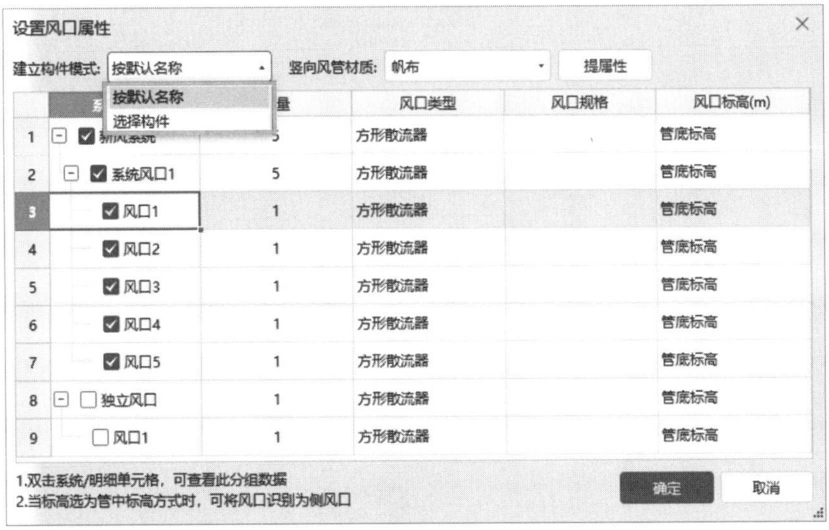

图 7-42　空调风系统"系统风口提量""建立构件模式"修改

	系统/明细	数量	风口类型	风口规格	风口标高(m)
1	☑ 新风系统	5	方形散流器	*多种*	管底标高-0.5
2	☑ 系统风口1	5	方形散流器	*多种*	管底标高-0.5
3	☑ 风口1	1	方形散流器	300x300	管底标高-0.5
4	☑ 风口2	1	方形散流器	300x300	管底标高-0.5
5	☑ 风口3	1	方形散流器	300x300	管底标高-0.5
6	☑ 风口4	1	方形散流器	240x240	管底标高-0.5
7	☑ 风口5	1	方形散流器	200x200	管底标高-0.5
8	☐ 独立风口	1	方形散流器		管底标高
9	☐ 风口1	1	方形散流器		管底标高

设置风口属性　建立构件模式：按默认名称　竖向风管材质：帆布　提属性

1.双击系统/明细单元格，可查看此分组数据
2.当标高选为管中标高方式时，可将风口识别为侧风口

确定　取消

图7-43　空调风系统"系统风口提量"修改风口信息

　　如果是侧风口，先将风口类型修改为侧风口，如单层百叶侧风口，风口标高设置为管中标高即可（图7-44），同时软件会提示"是否将风口尺寸联动为所连的风管的尺寸"，如果选择"是"，则风口尺寸会同步到风口规格列，点击"确定"完成侧风口识别（图7-45），识别完成的效果如图7-46所示。

	系统/明细	数量	风口类型	风口规格	风口标高(m)
1	☑ 新风系统	2	*多种*		管底标高
2	☑ 系统风口1	1	方形散流器		管底标高
3	☑ 风口1	1	方形散流器		管底标高
4	☑ 系统风口2	1	单层百叶侧风口		管底标高
5	☑ 风口1	1	单层百叶侧风口		管中标高

设置风口属性　建立构件模式：按默认名称　竖向风管材质：帆布　提属性

1.双击系统/明细单元格，可查看此分组数据
2.当标高选为管中标高方式时，可将风口识别为侧风口

确定　取消

图7-44　空调风系统"系统风口提量"侧风口识别

确认　×

? 是否将风口尺寸联动为所连的风管的尺寸？

是　否

图7-45　空调风系统"系统风口提量"侧风口识别窗口提示

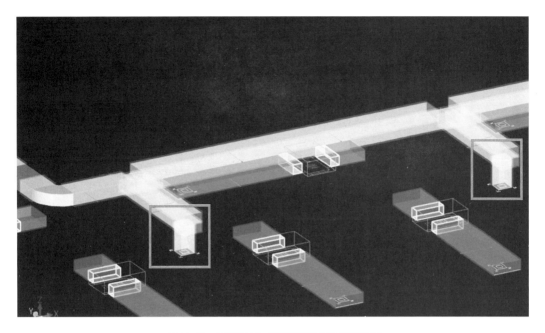

图 7-46　空调风系统"系统风口提量"识别效果

2）风盘风口提量：软件还提供"风盘风口提量"功能，可以根据风机盘管编号、接风口数量设置风口尺寸，识别风口的同时，可自动生成与风口连接的立管。具体操作步骤为：点击"风盘风口提量"功能→选择风盘风口图例→单击鼠标右键确认→设置风口属性，点击"确定"完成。

点击"风盘风口提量"功能：导航栏选择通风空调专业的风口（通），在工具栏识别风口功能包下选择"风盘风口提量"功能，如图 7-47 所示。

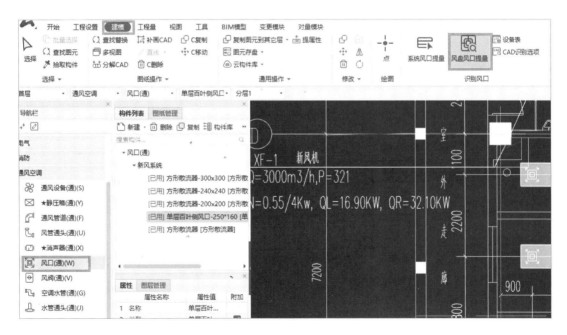

图 7-47　空调风系统"风盘风口提量"功能

选择风盘风口图例：单击鼠标左键选择平面图中风口图例，单击鼠标右键确认，软件中图例选中则显示蓝色。

设置风口属性：根据图纸调整风口类型、标高、尺寸等信息，功能操作与"系统风口提量"类似，此处不再赘述，调整完成后点击"确定"完成识别，如图7-48所示。

图 7-48　空调风系统"风盘风口提量"设置风口属性

3）风阀提量：软件提供"风阀提量"功能统计风阀工程量，可以一次性提取不同尺寸相同类型的阀门，并根据设置的风阀扣减长度自动扣减风管中风阀所占的工程量，该功能列项与识别同步进行。具体操作步骤为：点击"风阀提量"→选择风阀图例→设置识别范围→修改风阀信息→"确认"完成。

点击"风阀提量"：导航栏通风空调专业选择风阀（通），在工具栏识别风阀功能包选择"风阀提量"功能，如图7-49所示。

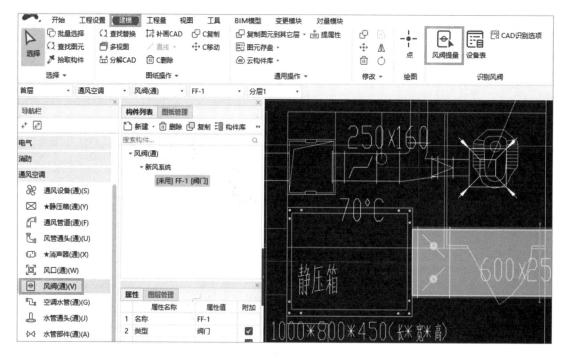

图 7-49　空调风系统"风阀提量"功能

选择风阀图例：单击鼠标左键选择平面图中风阀图例，单击鼠标右键确认。软件中图例选中则显示蓝色。

设置识别范围：软件提供了"全图识别"和"指定范围识别"两种。"全图识别"可以识别图纸中所有相同图例的风阀，而"指定范围识别"是指可以自定义指定要识别的风阀范围，如图 7-50 所示。

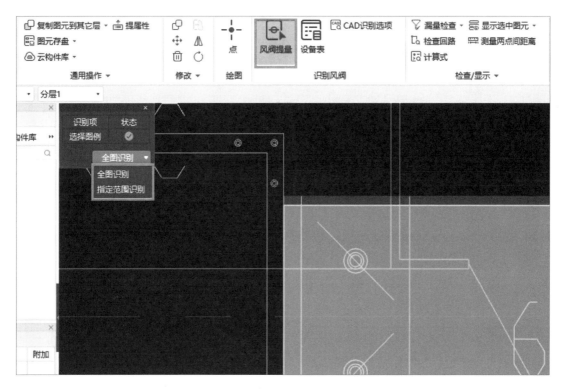

图 7-50　空调风系统"风阀提量"设置识别范围

修改风阀信息：设置识别范围后，进行风阀信息的调整及检查，可修改风阀的名称、扣减长度等。软件会对风阀进行分组显示，已连风管是指风阀能找到相连的风管，未连风管则是指风阀未找到相连风管，双击图例可以定位到具体风阀位置，进一步核实风阀尺寸，确认无误后点击"确定"完成风阀识别（图 7-51）。识别完成后，风管工程量会按设置的风阀扣减长度自动扣减，如图 7-52 所示。

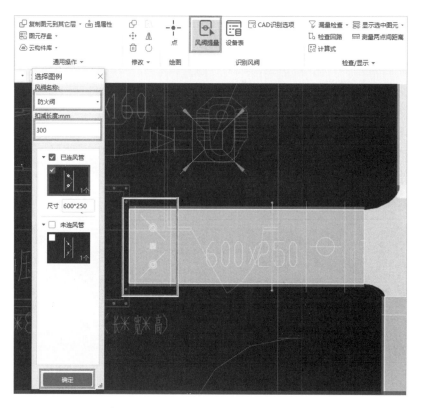

图 7-51 空调风系统"风阀提量"修改风阀信息

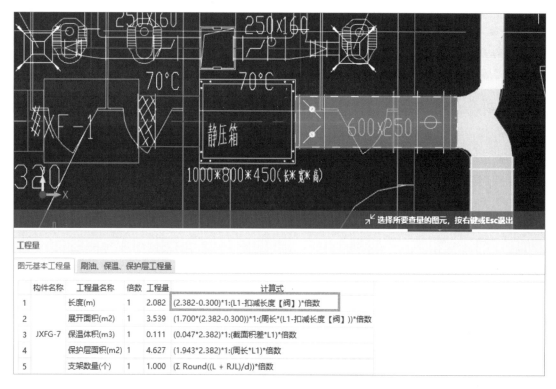

工程量

图元基本工程量　刷油、保温、保护层工程量

	构件名称	工程量名称	倍数	工程量	计算式
1		长度(m)	1	2.082	(2.382-0.300)*1:(L1-扣减长度【阀】)*倍数
2		展开面积(m2)	1	3.539	(1.700*(2.382-0.300))*1:(周长*(L1-扣减长度【阀】))*倍数
3	JXFG-7	保温体积(m3)	1	0.111	(0.047*2.382)*1:(截面积差*L1)*倍数
4		保护层面积(m2)	1	4.627	(1.943*2.382)*1:(周长*L1)*倍数
5		支架数量(个)	1	1.000	(Σ Round((L + RJL)/d))*倍数

图 7-52 空调风系统风管自动扣减风阀所占长度

7.2　通风空调—水系统

空调水系统通常要计算的工程量如图 7-53 所示。

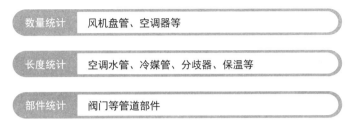

图 7-53　空调水系统需要计算的工程量

7.2.1　空调水系统—数量统计

1. 业务分析

（1）计算规则依据

从《通用安装工程工程量计算规范》GB 50856—2013 可以看出，统计空调水系统设备工程量时需要区分不同的名称、型号、规格、安装形式等按图示数量进行统计，如表 7-4 所示。

空调水系统设备清单计算规则　　　　　　　　　　　　　　　表 7-4

项目编码	项目名称	项目特征	计量单位	工程量计算规则	工作内容
030701003	空调器	1. 名称 2. 型号 3. 规格 4. 安装形式 5. 质量 6. 隔振垫（器）、支架形式、材质	台（组）	按设计图示数量计算	1. 本体安装或组装、调试 2. 设备支架制作、安装 3. 补刷（喷）油漆
030701004	风机盘管	1. 名称 2. 型号 3. 规格 4. 安装形式 5. 减振器、支架形式、材质 6. 试压要求	台		1. 本体安装、调试 2. 支架制作、安装 3. 试压 4. 补刷（喷）油漆

（2）分析图纸

空调水系统设备一般需要参考设计说明及施工说明和平面图。从设计说明（有些图纸会在施工设计说明中体现，具体请结合实际图纸查看）可获取设备的具体信息，包括设备编号、设备名称、型号等（图 7-54），从平面图中可以获取设备的具体位置，如图 7-55 所示。

主要设备表

序号	设备编号	设备名称	型号	性能参数		数量	单位	备注
1	XF-1	新风处理机组	DBFP31	风量:3000 m /h³　风压:321 Pa 制冷量:16.9 KW　制热量:32.10 KW 电量:0.55/4 KW		5	台	卫生间吊顶内安装,各空调房间新风 重量:107Kg/台
2	XF-2	新风处理机组	DBFP10	风量:10000 m /h³　风压:180 Pa 制冷量:113.2 KW 电量:3/4 KW		1	台	厨房吊顶内安装,厨房补风 重量:270Kg/台
3	PQ-1	吸顶式排气扇	BLD-400	风量:400 m /h³　风压:100 Pa 电量:60 W		10	台	排气扇自带止回阀装置
4	PQ-2	吸顶式排气扇	BLD-180	风量:180 m /h³　风压:100 Pa 电量:40 W		5	台	排气扇自带止回阀装置
5	PF-2	壁挂式排气扇		风量:400 m /h³　风压:100 Pa 电量:60 W		5	台	浴室、更衣、泵房、配电
6	PF-3	混流风机		风量:4500 m /h³　风压:250 Pa 电量:0.75 W		1	台	卫生间排风
7	FP-003	卧式暗装风机盘管		风量:440 m /h³　制冷量:2820 W 制热量:4700 W　电量:65 W		11	台	
8	FP-004	卧式暗装风机盘管		风量:590 m /h³　制冷量:3740 W 制热量:6260 W　电量:84 W		82	台	
9	FP-005	卧式暗装风机盘管		风量:720 m /h³　制冷量:4500 W 制热量:7500 W　电量:105 W		16	台	
10		VRV室内机	RCI-28 FSNQ	制冷量:2.8 KW　制热量:3.3 KW		4	台	一层消控室2台、三层控制室2台
11		VRV室内机	RCI-40 FSNQ	制冷量:4.3 KW　制热量:4.9KW		8	台	二层总控室4台、四层计算机房4台
12		VRV室外机	RAS-224 FSN	制冷量:22.4 KW　制热量:25 KW EER>3.0		2	台	屋顶
13	70℃防火阀					5	个	防火阀70℃熔断

图 7-54　空调水系统设备设计说明

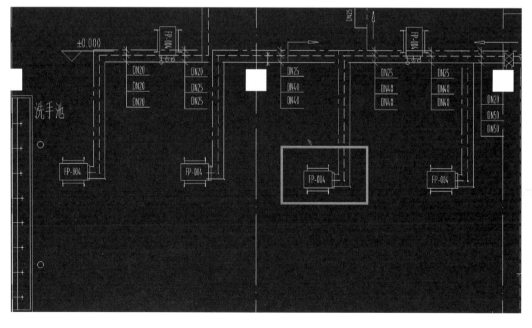

图 7-55　空调水系统设备平面布置图

2. 软件处理

（1）软件处理思路

空调水系统设备的软件处理思路与空调风系统设备的软件处理思路相同（图 4-6），即列项→识别→检查→提量。

（2）列项＋识别

空调水系统设备的列项与识别可同步进行，利用"通风设备"功能即可，空调水系统设备的识别与空调风系统设备的识别一样，具体可参考空调风系统第 7.1.1 节数量统计中的操作步骤。

◆　应用小贴士：

空调水系统和空调风系统设备算重的处理方法：是否计量。

空调水系统中设备和空调风系统中的设备原则上是在不同平面图的相同设备，如果空调风系统中空调设备和空调水系统中空调设备均已识别，就会出现重复计算的情况，此时可以通过"是否计量"进行解决。具体操作步骤为：选择已识别的空调水系统中空调设备→在属性列表中将"是否计量"改为否。

（1）选择已识别的空调水系统中空调设备：软件提供"选择"和"批量选择"两种方式。"选择"功能支持点选、框选，可以选择单个或者多个设备。被选中的图元显示蓝色，如图 7-56 所示。

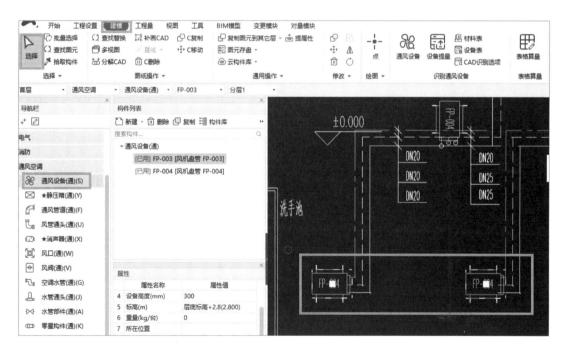

图 7-56　空调水系统设备选择

批量选择可根据名称进行选择，一次性选择所有同名图元，如图 7-57 所示。

图 7-57 空调水系统设备批量选择

（2）在属性列表中将"是否计量"改为否：因为"是否计量"是黑色字体，属于私有属性，所以需要先选中图元再进行修改，修改后图元以红色显示，如图 7-58 所示。

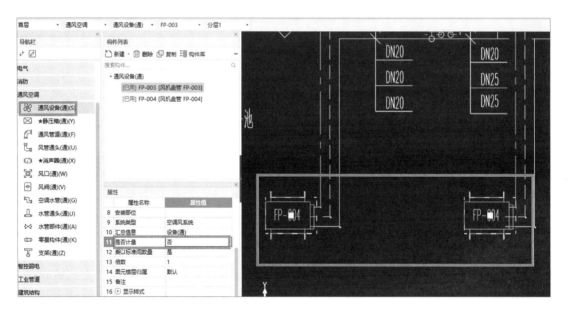

图 7-58 空调水系统设备属性列表是否计量

（3）检查

空调水系统设备识别完成后，同样可以通过"CAD 图亮度"功能进行检查，具体可参考空调风系统第 7.1.1 节数量统计中的操作步骤。

（4）提量

数量统计完成，可以使用"图元查量"查看已提取工程量。具体操作步骤为：切换到通风设备下"工程量"页签→点击工具栏计算结果功能包"图元查量"功能→拉框选择需要查量的范围→图元基本工程量。注意：空调风系统中相同空调设备的工程量已经统计，空调水系统中进行图元属性中"是否计量"修改为否，则无工程量，如图 7-59 所示。

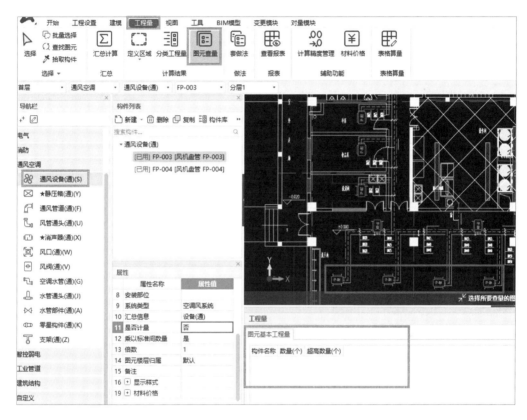

图 7-59　空调水系统空调设备图元查量

7.2.2　空调水系统—管道统计

1. 业务分析

（1）计算规则依据

从《通用安装工程工程量计算规范》GB 50856—2013 可以看出，统计空调水系统管道工程量时需要区分不同的安装部位、规格等按设计图示管道中心线以长度计算，如表 7-5 所示。

空调水系统管道的清单计算规则　　　　表 7-5

项目编码	项目名称	项目特征	计量单位	工程量计算规则	工作内容
031001001	镀锌钢管	1. 安装部位 2. 介质 3. 规格、压力等级 4. 连接形式 5. 压力试验及吹、洗设计要求 6. 警示带形式	m	按设计图示管道中心线以长度计算	1. 管道安装 2. 管件制作、安装 3. 压力试验 4. 吹扫、冲洗 5. 警示带铺设
031001002	钢管				
031001003	不锈钢管				
031001004	铜管				

（2）分析图纸

空调水系统管道一般需要参考设计说明信息及平面图。从设计说明信息中可获取管道的材质、管道保温的材质、厚度、管道的连接形式（图 7-60），从平面图中可以获取管道的具体位置等，如图 7-61 所示。

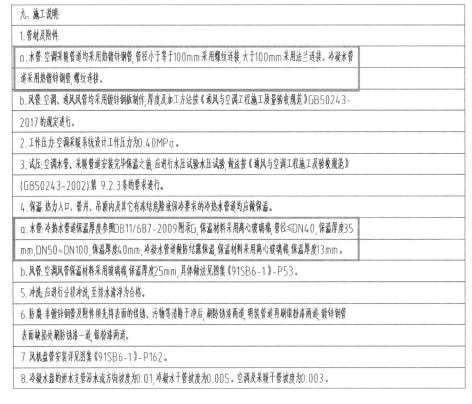

九、施工说明:

1.管材及附件:

a.水管:空调采暖管道均采用热镀锌钢管,管径小于等于100mm采用螺纹连接,大于100mm采用法兰连接。冷凝水管道采用热镀锌钢管,螺纹连接。

b.风管:空调、通风风管均采用镀锌钢板制作,厚度及加工方法按《通风与空调工程施工质量验收规范》GB50243-2017的规定进行。

2.工作压力:空调采暖系统设计工作压力为0.40MPa。

3.试压:空调水管、采暖管道安装完毕保温之前,应进行水压试验和水压调试,做法按《通风与空调工程施工及验收规范》(GB50243-2002)第 9.2.3条的要求进行。

4.保温:热力入口、管井内及其它有冻结危险或保冷要求的冷热水管道均应做保温。

a.水管:冷热水管道保温厚度参照DB11/687-2009附录G,保温材料采用离心玻璃棉,管径≤DN40,保温厚度35mm,DN50~DN100,保温厚度40mm;冷凝水管道做防结露保温,保温材料采用离心玻璃棉,保温厚度13mm。

b.风管:空调风管保温材料采用玻璃棉,保温厚度25mm,具体做法见图集《91SB6-1》-P53。

5.冲洗:应进行分段冲洗,至排水清净为合格。

6.防腐:非镀锌钢管及附件须先将表面的铁锈、污物等清除干净后,刷防锈漆两道,明装管道再刷银粉漆两道;镀锌钢管表面缺损处刷防锈漆一道,银粉漆两道。

7.风机盘管安装详见图集《91SB6-1》-P162。

8.冷凝水盘的泄水支管沿水流动方向坡度为0.01,冷凝水干管坡度为0.005。空调及采暖干管坡度为0.003。

图 7-60　空调水系统管道设计说明信息

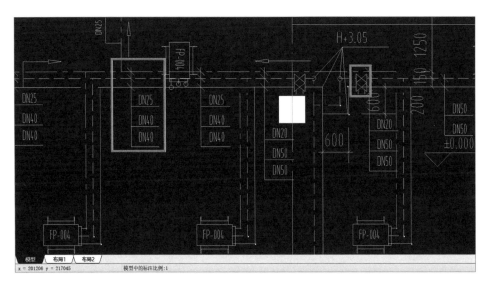

图 7-61　空调水系统管道平面图信息

2. 软件处理

（1）软件处理思路

空调水系统管道的软件处理思路与空调风系统设备的软件处理思路相同（图 4-6），即列项→识别→检查→提量。

（2）列项

空调水系统管道的列项可以采用"新建"功能，具体操作步骤为：点击"通风空调"→"新建"→修改属性信息。

1）点击"通风空调"：注意导航栏切换至通风空调专业，选择空调水管。

2）"新建"：在构件列表中点击"新建"，选择构件类型为"新建水管"。

3）修改属性信息：注意修改属性中的名称、系统类型、系统编号、材质、管径、标高以及刷油保温等，如图 7-62 所示。

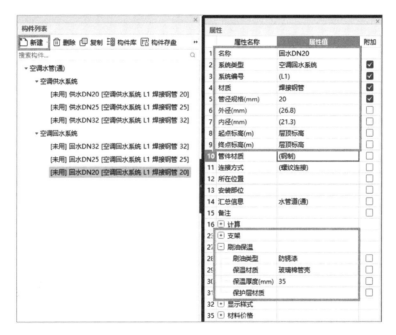

图 7-62　空调水系统管道的列项

（3）识别

空调水系统管道可以采用绘制的方式完成模型建立，软件提供了"直线"与"多管绘制"两种功能，可以结合图纸实际情况选择使用。

1）直线绘制

"直线"绘制具体操作步骤为：点击"直线"→选择使用窗体标高 / 使用构件标高→在 CAD 底图描图。

①点击"直线"：构件列表选择需要绘制的管道，在绘图功能包点击"直线"功能，可以选择绘制水平管道还是竖向管道（此处主要讲解水平管道绘制）。

②选择使用窗体标高 / 使用构件标高：软件提供了两种标高模式以供选择。选择使用窗体标高，则会根据窗体中设置的"安装高度"建模（图 7-63）；如果选择使用构件标高，

则根据前面新建构件时属性中设置的标高建模（图 7-64），根据图纸信息在绘制过程中及时进行构件名称切换与管道标高的修改即可。

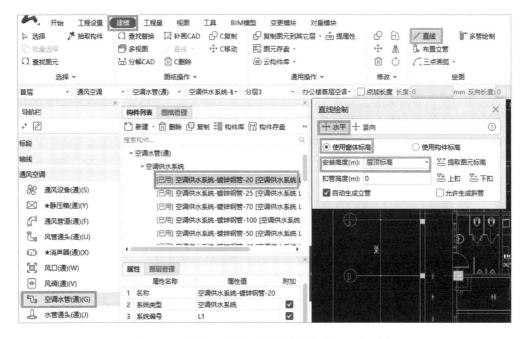

图 7-63　空调水系统管道"直线"绘制按"使用窗体标高"

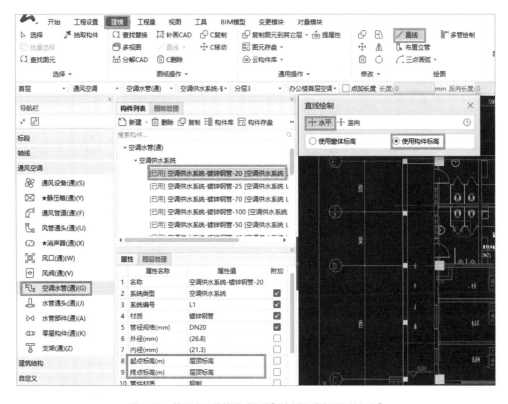

图 7-64　空调水系统管道"直线"绘制按"使用构件标高"

③在 CAD 底图描图：按照 CAD 底图描图即可完成空调水管的绘制，如图 7-65 所示。

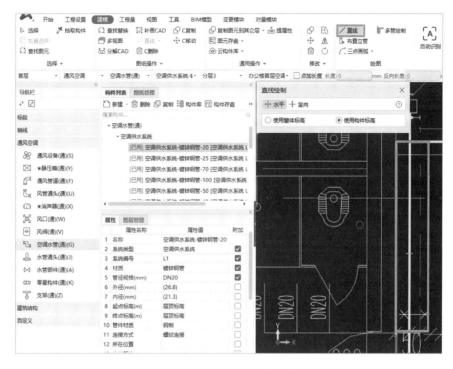

图 7-65　空调水系统管道的"直线"绘制

2）多管绘制

工程中如果出现多根平行管道，可以采用"多管绘制"功能同时进行绘制，提高绘图效率。具体操作步骤为：点击"多管绘制"→依次选择构件及指定第一个绘制起点→沿 CAD 底图绘制水管。

①点击"多管绘制"：注意切换到空调水管构件，点击工具栏绘图功能包"多管绘制"功能，如图 7-66 所示。

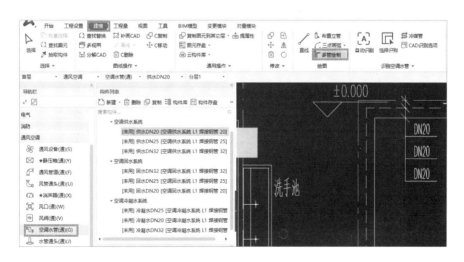

图 7-66　空调水系统管道"多管绘制"

②依次选择空调水管构件及指定第一个绘制起点：根据图纸情况选择要使用的构件及指定绘制的起始位置，依此类推完成多条管道的构件指定及起点指定，如图 7-67 所示。

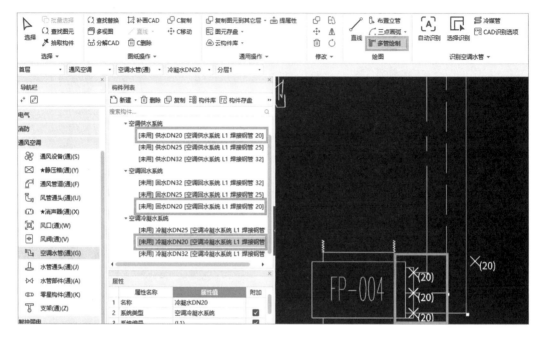

图 7-67　多管设置

③绘制水管：点击"绘制"，即可完成多根管道的同时绘制，如图 7-68 所示。

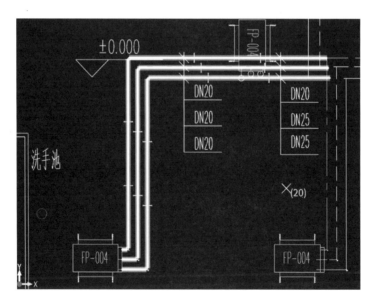

图 7-68　"多管绘制"效果

◆ 应用小贴士：

1. 多联机系统冷媒管的统计方法：采用"冷媒管"功能进行识别。

空调水系统中冷媒管的工程量统计比较特殊，需要区分液侧管与气侧管，除此之外还需要统计分歧器的工程量。软件提供了"冷媒管"功能，可以按照 CAD 线和冷媒管标识一次性识别完一整条水路。具体操作步骤为：点击"冷媒管"→选择管径、标识、分歧器→完善管道构件信息→"确认"完成。

（1）点击"冷媒管"：注意导航栏切换到空调水管构件，在工具栏识别空调水管功能包点击"冷媒管"功能，如图 7-69 所示。

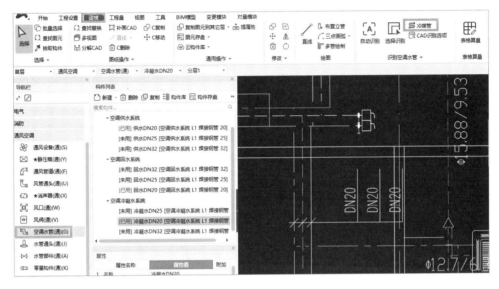

图 7-69　空调水系统"冷媒管"功能

（2）选择管径、标识、分歧器：单击鼠标左键选择 CAD 图上冷媒管线、标识、分歧器，选中其中一段冷媒管 CAD 线，软件通过分歧器自动判断相连。选中的冷媒管线、标识、分歧器会显示蓝色，如图 7-70 所示。

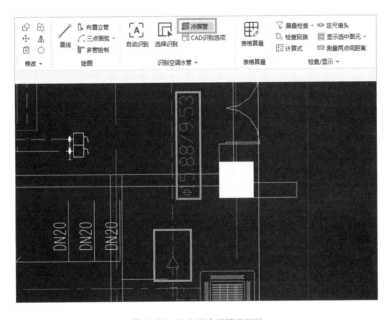

图 7-70　选中的冷媒管标识图

（3）完善管道构件信息：单击鼠标右键弹出"管道构件信息"确认窗口，需要确定系统类型以及材质，另外为了保证准确性，建议识别之前进行路径反查，之后通过"建立 / 匹配构件"功能快速完成构件建立，完善管道构件信息，点击"确定"即可完成识别，如图 7-71 所示。

图 7-71　冷媒管"管道构件信息"确认窗口

2. 空调水系统中跨层竖向立管的处理方法：采用"布置立管"功能。

具体操作步骤为：点击"布置立管"→布置参数设置→"点"画到平面图立管位置。

（1）点击"布置立管"：注意导航栏切换到空调水管构件，工具栏"绘图"功能包点击"布置立管"功能，如图 7-72 所示。

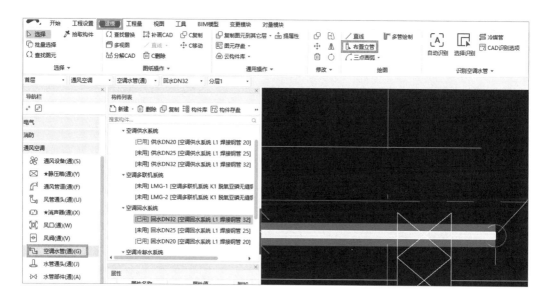

图 7-72　空调水系统管道的"布置立管"功能图

（2）布置参数设置：在"布置立管"窗体中，可以选择立管形式，布置参数设置中对应图纸录入立管的底标高、顶标高，可以直接输入，也可以直接提取图元标高到标高栏，如图 7-73 所示。

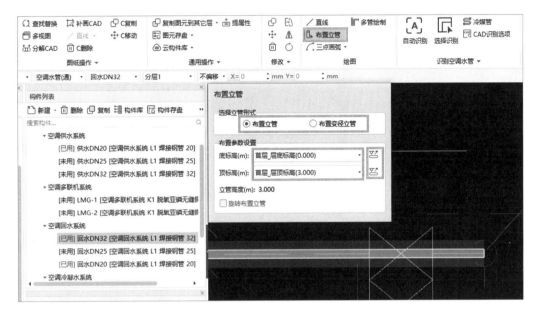

图 7-73　通风空调水系统"布置立管"方式

（3）"点"画到平面图立管位置：鼠标左键点击平面图立管位置，"点"画，立管即绘制完成。

（4）检查提量

空调水系统中管道的检查提量与空调风系统管道的检查提量可用功能相同，均可采用"计算式"与"图元查量"功能，具体步骤请参考第 7.1 节通风空调风系统中的检查与提量。此处不再赘述。

7.2.3　空调水系统—管道附件统计

空调水系统中管道附件处理思路同空调风系统管道附件的处理思路。

1. 业务分析

（1）计算规则依据

从《通用安装工程工程量计算规范》GB 50856—2013 可以看出，统计空调水系统管道附件工程量时需要区分不同的规格、类型等按设计图示数量计算，如表 7-6 所示。

空调水系统管道附件的清单计算规则　　　　　　　　　　　　表 7-6

项目编码	项目名称	项目特征	计量单位	工程量 计算规则	工作内容
031003001	螺纹阀门	1. 类型 2. 材质 3. 规格、压力等级 4. 连接形式 5. 焊接方法	个	按设计图示数量计算	1. 安装 2. 电气接线 3. 调试

（2）分析图纸

根据图纸实际情况确定水管部件的规格型号以及安装位置，本节以阀门为例进行讲解，如图 7-74 所示。

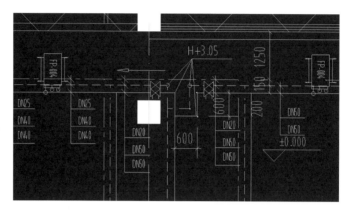

图 7-74   空调水系统管道附件平面布置图

2. 软件处理

（1）软件处理思路

空调水系统管道附件的软件处理思路与空调风系统设备的软件处理思路相同（图 4-6），即列项→识别→检查→提量。水管部件也属于依附构件，同样要先识别水管再识别水管部件。

（2）列项＋识别

水管阀门的列项与识别可同步进行，同样可采用"设备提量"功能。具体操作步骤为："设备提量"→选中水管阀门图例→选择要识别成的构件→"确认"完成。

1）"设备提量"：注意导航栏切换到"水管部件"构件下，点击工具栏识别水管部件功能包"设备提量"功能，如图 7-75 所示。

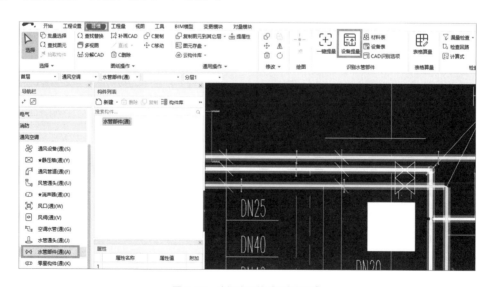

图 7-75   空调水系统"设备提量"

2）选中水管阀门图例：单击鼠标左键选择平面图中水管阀门图例，选中图例则显示蓝色。

3）选择要识别成的构件：单击鼠标右键弹出选择要识别成的构件，新建水管部件，修改部件的名称、类型、材质，同时也可以通过"选择楼层"设置识别的范围。识别完成后，规格型号会自动按管道规格进行匹配，如图 7-76 所示。

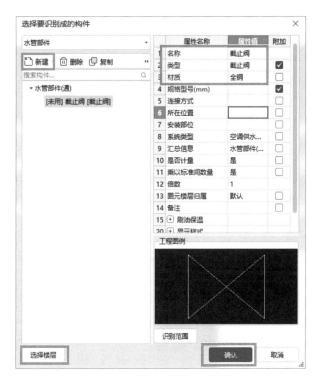

图 7-76 空调水系统阀门识别

阀门也可以采用"点"画的方式在管道上进行绘制，"点"画之后采用"自适应属性"功能自动匹配规格型号。具体操作步骤请参考第 5 章第 5.2.2 节户内支管统计中的管道附件部分。

第 8 章　报表提量

本章主要讲解工程绘制完成后软件的出量提量方法。

8.1　汇总计算

通过"汇总计算"功能完成工程量的统计。工程绘制过程中一般采用"图元查量""双击构件列表"等功能进行快速的工程量查看，这些功能可以实时查量，无须汇总计算。但是模型建立完成后，最终需要整理出结果文件，就需要进行"汇总计算"。具体操作步骤为：切换到"工程量"页签→点击"汇总计算"功能，如图 8-1 所示。

图 8-1　汇总计算

汇总计算时，需要选择对应楼层进行工程量汇总。如需查看全部楼层工程量，在进行汇总计算时，注意选取全部楼层；如只需查看某一层或某几层的工程量，可勾选需要的楼层，最后点击"计算"即可，如图 8-2 所示。

图 8-2　选择楼层

8.2　分类工程量

"分类工程量"可按照一定的分类条件进行工程量查看。此功能需要在"汇总计算"后使用。具体操作步骤为：切换至"工程量"页签下→点击"分类工程量"功能，如图 8-3 所示。

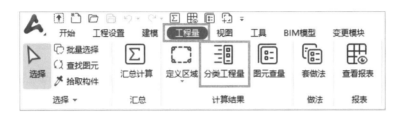

图 8-3　分类工程量

具体的出量维度可以根据实际工程要求自行设置，采用"设置分类及工程量"功能即可。具体操作步骤为：点击"分类工程量"→选择"构件类型"→点击"设置分类及工程量"→"确定"完成→导出 Excel 出量。

（1）点击"分类工程量"→选择"构件类型"：点击"分类工程量"后，可以选择要查看的构件类型（图 8-4），同时也可以选择要查看的构件范围，如查看哪些构件，查看哪些楼层，采用"设置构件范围"即可实现，如图 8-5 所示。

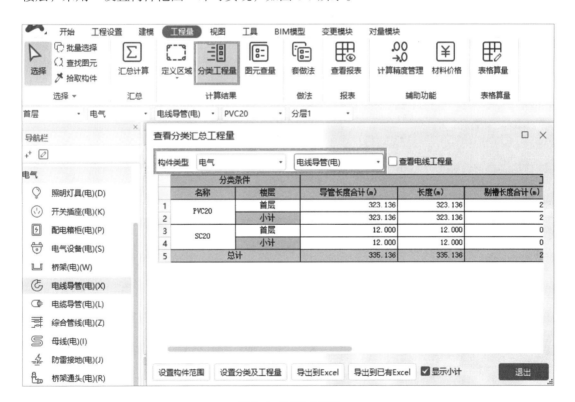

图 8-4　选择构件类型

图 8-5   设置构件范围

（2）点击"设置分类及工程量"：点击"设置分类及工程量"后可以选择"分类条件"，需要哪些出量维度就勾选哪些分类条件。同理，不需要的分类条件直接不勾选即可。如工程需要按配电箱提取电线导管的工程量，此时只要勾选"配电箱信息"这项分类条件即可（图 8-6）。同时，软件提供了"上移""下移"的功能调整该分类条件的显示位置，如图 8-7所示。

图 8-6   选择分类条件

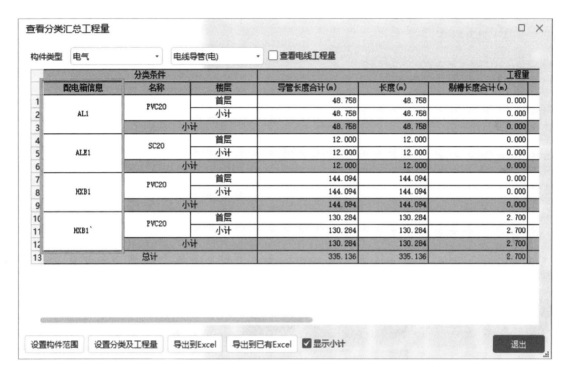

图 8-7　设置分类条件结果显示

（3）导出 Excel 出量：设置完成后可以直接将结果导出到 Excel 文件。采用"导出到Excel"和"导出到已有 Excel"即可，如图 8-8 所示。

图 8-8　导出到 Excel

8.3　查看报表

8.3.1　查看报表

工程量汇总计算后，可通过"查看报表"功能查看全部工程量。具体操作步骤为：点击"工程量"页签→点击"查看报表"功能→选择需要查看的报表，如图 8-9 所示。

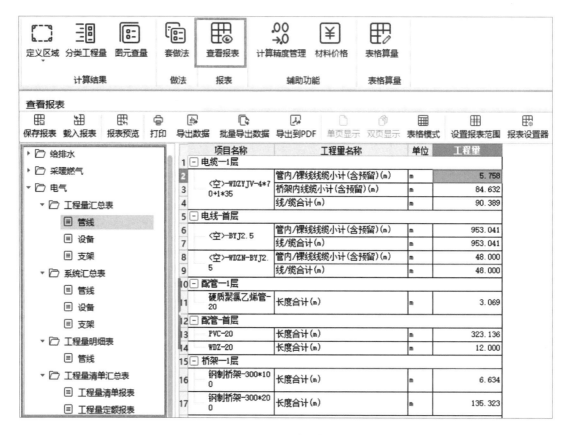

图 8-9　报表预览

8.3.2　报表反查

报表界面除了可以直接查看工程量外，还可以进行工程量的反查定位。点击"报表反查"后双击右侧绘图工程量区域工程量单元格（图 8-10），即可反查定位到相关图元查看工程量（图 8-11）。定位之后点击明细工程量的三点按钮即可查看详细的计算式，如图 8-12所示。

图 8-10　报表反查

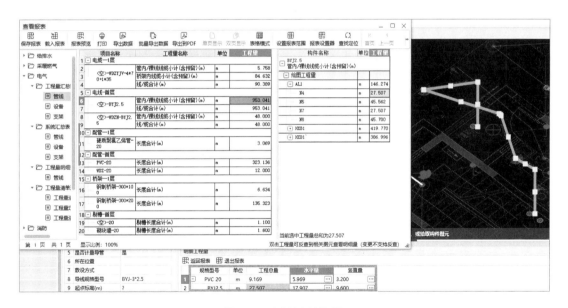

图 8-11　定位检查计算明细

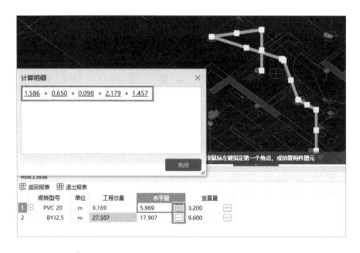

图 8-12　查看详细的计算式

8.3.3　报表设置器

软件内置了各类工程量的常用报表形式，鉴于实际工程出量要求不尽相同，所以报表中还能根据需求进行报表的设置。采用的功能为"报表设置器"，具体操作步骤为：点击"报表设置器"→选择"分类条件"→选择"属性级别"→"确认"完成。

（1）点击"报表设置器"：进入"查看报表"界面后即可选择"报表设置器"功能。

（2）选择"分类条件"：报表中想要显示哪项"分类条件"就点击选中哪条。如想要按楼层区分不同的工程量，只需选中分类条件中的"楼层"即可，如图 8-13 所示。

图 8-13　报表设置器

（3）选择"属性级别"：即选择"分类条件"在报表中的显示位置。具体操作步骤为：选中属性级别→点击"移入"（图 8-14、图 8-15）→通过"上移""下移"可再次调整位置（图 8-16）。调整完成后，报表样式如图 8-17 所示。

图 8-14　移入分类条件—移入前

图 8-15　移入分类条件—移入后

图 8-16 调整位置

电气管线工程量汇总表

工程名称:工程1   第1页 共1页

项目名称	工程量名称	单位	工程量
∨ -1层 电缆			
〈空〉-WDZYJV-4*70+1*35	线/缆合计(m)	m	90.389
-1层 配管			
硬质聚氯乙烯管-20	长度合计(m)	m	3.069
-1层 桥架			
钢制桥架-300*100	长度合计(m)	m	6.634
钢制桥架-300*200	长度合计(m)	m	135.323
∨ 首层 电线			
〈空〉-BYJ2.5	线/缆合计(m)	m	953.041
〈空〉-WDZN-BYJ2.5	线/缆合计(m)	m	48.000
∨ 首层 配管			
PVC-20	长度合计(m)	m	323.136
WDZ-20	长度合计(m)	m	12.000
∨ 首层 剔槽			
〈空〉-20	剔槽长度合计(m)	m	1.100
砌块墙-20	剔槽长度合计(m)	m	1.600

图 8-17 报表设置完成

8.3.4　导出结果文件

工程绘制完成后，最终要形成结果文件。软件中可以直接将工程量导出，目前可导出的格式有 Excel 格式和 PDF 格式。

1. 导出 Excel 数据文件

软件可以直接导出 Excel 格式的报表，采用的功能是"导出数据"或者"批量导出数据"。

（1）导出数据

"导出数据"导出的是当前查看的报表，一次导出一张，点击"导出到 Excel 文件"即可。具体操作步骤为：打开想要导出的报表→点击"导出数据"→点击"导出到 Excel 文件"→选择存储路径→修改文件名称→"保存"即可，如图 8-18 所示。

图 8-18　导出到 Excel 文件

（2）批量导出数据

"批量导出数据"是指一次性导出多张报表，可以选择想要导出的报表，如图 8-19 所示。

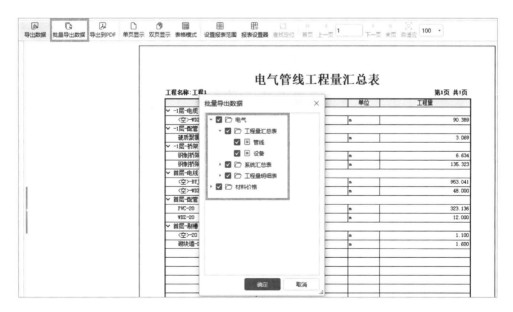

图 8-19　批量导出数据

2. 导出 PDF 文件

除了 Excel 格式，软件也能导出 PDF 格式的报表，采用"导出到 PDF"功能即可，如图 8-20 所示。

图 8-20　导出到 PDF

第9章 计算设置专题

本章讲解软件中各专业的计算设置内容，主要讲解电气专业、给水排水专业、消防专业、通风空调专业中软件计算设置的原理以及不同设置对计算结果的影响（采暖燃气专业计算设置与给水排水专业类似，智控弱电专业计算设置与强电专业类似，所以这两个专业不再单独讲解）。清晰了计算设置原理，后期可根据各地工程具体情况自行调整，灵活应用。

9.1 电气专业计算设置

本节主要针对电气专业需要注意的 10 项计算设置进行分析。

9.1.1 电缆敷设弛度设置

软件中有专门针对电缆敷设弛度的计算设置，如图 9-1 所示。

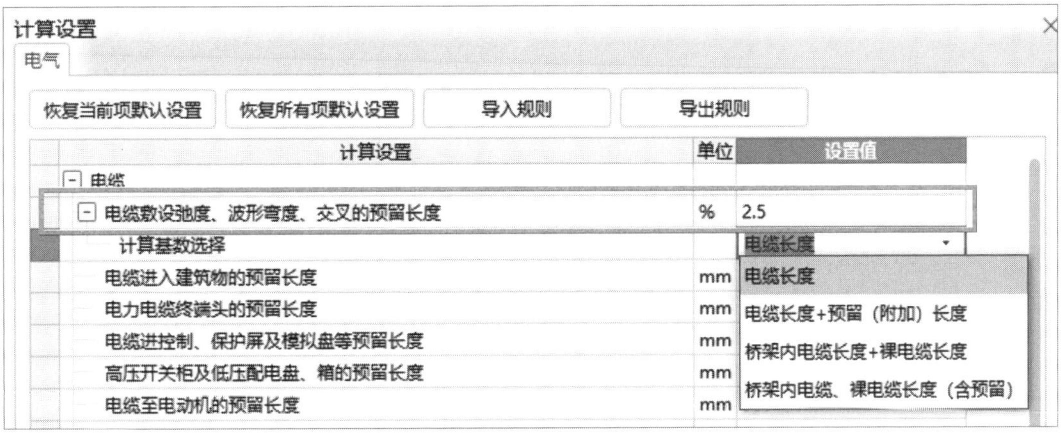

图 9-1 软件对于电缆敷设弛度的 4 种计算方式

电缆需要计算 2.5% 的敷设弛度，针对计算基数软件提供了 4 种方式，以满足不同地区不同的算量要求。

方式 1：电缆长度 ×2.5%

软件默认的计算基数是"电缆长度"，选择此项软件会按照电缆本身长度乘以 2.5% 计算敷设弛度，无论是桥架里面还是配管里面的电缆或者裸电缆，都作为计算基数，但是计算基数中不包括预留长度，即电缆总长度 = 电缆本身长度（桥架 + 配管 + 裸电缆）×（1+2.5%）。

方式 2：（电缆长度 + 预留长度）× 2.5%

这种方式下，敷设弛度的计算基数为电缆长度 + 预留长度之和，其中电缆长度同方式 1 所列。所以此种方式电缆总长度 =［电缆本身长度（桥架 + 配管 + 裸电缆）+ 预留长度］×（1+2.5%）。

方式 3：（桥架内电缆长度 + 裸电缆长度）×（1+2.5%）

这种方式下，敷设弛度的计算基数为"桥架内电缆长度 + 裸电缆长度"，即桥架内电缆长度 + 裸电缆长度作为计算基数，不包括配管里的电缆长度。所以电缆总长度 =（桥架内电缆长度 + 裸电缆长度）×（1+2.5%）。

方式 4：（桥架内电缆长度 + 裸电缆长度 + 桥架内的预留长度）×（1+2.5%）

这种方式下，敷设弛度的计算基数为"桥架电缆长度、裸电缆长度（含预留）"，即桥架内电缆长度 + 裸电缆 + 桥架内预留长度作为计算基数，不包括配管里的电缆长度。所以电缆总长度 =（桥架内电缆长度 + 裸电缆长度 + 桥架内的预留）×（1+2.5%）。

方式 4 主要用于北京市建设工程消耗量标准（2021），当工程定额库选择此标注时，软件的计算设置会自动关联调整为方式 4。

在实际工程中，需要结合当地的定额规则和工程要求进行电缆基数的选择。

9.1.2　电缆进入建筑物的预留长度设置

软件中有关于"电缆进入建筑物的预留长度"的设置，默认为 2000mm，如图 9-2 所示。

图 9-2　电缆进入建筑物的预留长度

若需要软件自动计算电缆进入建筑物的预留长度 2m，需要满足以下条件：①墙类型为外墙（图 9-3）；②电缆穿墙（图 9-4）。

图 9-3　墙类型为外墙

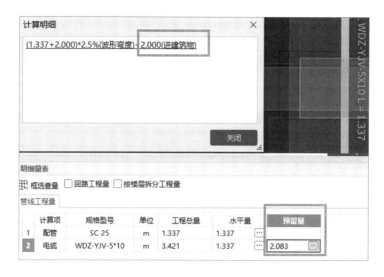

图 9-4　电缆穿墙计算结果

9.1.3　电缆预留长度设置

软件中关于电缆终端头预留、电缆进配电箱预留均可设置，如图 9-5 所示。

图 9-5　电力电缆终端头和半周长预留

以上两项预留长度的计算原则：模型中只要电缆与配电箱连接，软件会自动计算，当然这两项数值均可根据实际情况调整。

9.1.4　高压开关柜及低压配电盘、箱的预留长度设置

软件中关于高压开关柜及抵押配电盘、箱的预留长度默认为 2000mm，如图 9-6 所示。

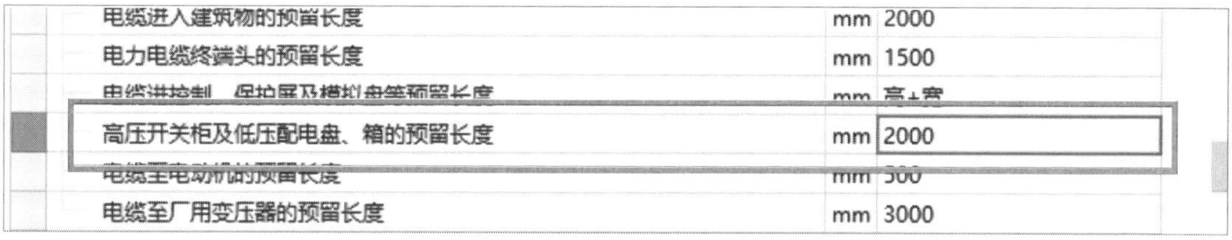

	单位	设置值
电缆进入建筑物的预留长度	mm	2000
电力电缆终端头的预留长度	mm	1500
电缆进控制、保护屏及模拟盘等预留长度	mm	高+宽
高压开关柜及低压配电盘、箱的预留长度	mm	2000
电缆至电动机的预留长度	mm	500
电缆至厂用变压器的预留长度	mm	3000

图 9-6　高压开关柜及低压配电盘、箱的预留长度

软件需要满足以下条件才能按照此条计算设置默认的 2m 计算预留：

（1）配电箱柜的标高属性为"层底标高"；

（2）电缆从配电箱底部接入，即由下向上与电箱底标高相接。

此处通常会与配电柜基础槽钢的 200mm 有一些偏差，因软件中槽钢用表格输入的方式统计，此部分的电缆长度建议考虑到此条预留量的计算设置中。

9.1.5　电线预留长度设置

软件中可以设置电线进入配电箱的预留长度，如图 9-7 所示。

⊟ **导线**			
配线进出各种开关箱、屏、柜、板预留长度	mm	高+宽	
管内穿线与软硬母线连接的预留长度	mm	1500	

图 9-7　电线的预留长度（高 + 宽即半周长）

电线进入配电箱通常的计算方式为配电箱半周长，即配电箱的高 +宽。如果工程有特殊要求，如有指定的预留长度，可直接在此项计算设置中输入对应的数值，后续软件会按照输入的数值计算预留长度。

9.1.6　电线保护管生成接线盒规则设置

软件内置了电线保护管生成接线盒的计算规则，如图 9-8 所示。

⊟ **电线保护管生成接线盒规则**		
当管长度超过设置米数，且无弯曲时，增加一个接线盒	m	30
当管长度超过设置米数，且有1个弯曲，增加一个接线盒	m	20
当管长度超过设置米数，且有2个弯曲，增加一个接线盒	m	15
当管长度超过设置米数，且有3个弯曲，增加一个接线盒	m	8

图 9-8　电线保护管生成接线盒规则

软件内置了接线盒的生成原则，参考依据为《通用安装工程工程量计算规范》GB 50856—2013，设计无要求时可以按照此规则进行接线盒计算。若图纸有相关说明且与规则不同，则可以按照实际工程要求进行修改。后续生成接线盒时会按照计算设置中的设置值进行接线盒的计算。

9.1.7　明箱暗管管线的计算方式设置

软件内置了明箱暗管情况管线的计算方式，如图 9-9 所示。

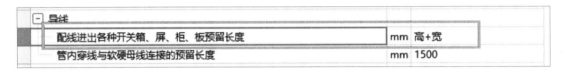

当管长度超过设置米数，且有3个弯曲，增加一个接线盒	m	8
暗管连明敷设配电箱是否按管伸至箱内一半高度计算		否
⊟ 防雷接地		

图 9-9　明箱暗管管线的计算方式

软件在计算配管长度时默认算到配电箱顶部，但实际工程中会出现明箱暗管的情况，即配电箱挂墙明装，箱体背后的配管预埋连接在接线箱上暗敷，这种情况如需配管伸至配电箱内一半高度计算，则需要调整本条计算设置为"是"，并满足配电箱敷设方式为"明敷"，配管敷设方式属性为"暗敷"（图 9-10）的条件，软件即可按照管伸至箱内一半高度计算。

图 9-10　配电箱属性为明敷、配管属性为暗敷的属性示意

9.1.8　防雷接地附加长度计算设置

软件内置了防雷接地中附加长度的计算，在计算接地母线、避雷线长度时，软件会根据模型长度自动计算 3.9% 的附加长度，如图 9-11 所示。

图 9-11　防雷接地附加长度

9.1.9　连接灯具、开关、插座是否计算预留设置

关于连接灯具、开关、插座是否计算预留，软件也可以进行调整，如图 9-12 所示。

图 9-12　连接灯具、开关、插座是否计算预留

本条设置的使用原则为：通常预算量已包含连接灯具、开关、插座的线缆预留，按照软件默认的"否"进行设置即可；如实物量需要包含连接灯具、开关、插座的线缆预留，则将本条计算设置改为"是"，再根据需要进行预留值的设置（图 9-13）。注意：这里对应构件属性的分组，其中空调插座、电热插座可通过建立"插座"构件修改其类型，为这两类实现预留值的自定义。

图 9-13　编辑计算设置值

注意：本功能统计原则是每根与开关、灯具、插座图元相连的配管执行一次此设置，如 A 插座，有两根导线规格为 BV-3×4 的多立管与之相连，则计算 BV-4 的量为：1000mm×3 根导线 ×2 根立管 =6000mm。

9.1.10　超高计算设置

软件对超高计算方法及超高起始值均进行了内置，如图 9-14 所示。

超高计算方法		起始值以上部分计算超高
水平暗敷设管道是否计算超高		是
线缆是否计算超高		是
电气工程操作物超高起始值	mm	5000
刷油防腐绝热工程操作物超高起始值	mm	6000
电缆生成穿刺线夹功能规则		

图 9-14　超高计算方法

软件默认的超高起始值为 5m，当构件高度超过 5m 时，水平暗敷的管和线缆都会计算超高工程量，如图 9-15 所示。

图 9-15　超高工程量

需要注意的是：总长度 = 长度 + 超高长度。

9.2 给水排水专业计算设置

本节主要针对给水排水专业中影响管道计算的计算设置进行分析。

9.2.1 给水排水支管高度计算方式设置

关于给水排水支管高度计算方式，软件提供了 3 种方式，如图 9-16 所示。

图 9-16 给水排水支管高度的计算方式

以给水管道为例，讲解管道的 3 种计算方式。

方式 1：给水横管与卫生器具标高差值。

当选择该项设置时，给水支管高度会按照卫生器具安装高度与横管的标高差计算。例如，立式洗脸盆距地高度 0.8m，给水横管高度 0.3m，则两者之间立管高度为 0.5m，如图 9-17 所示。

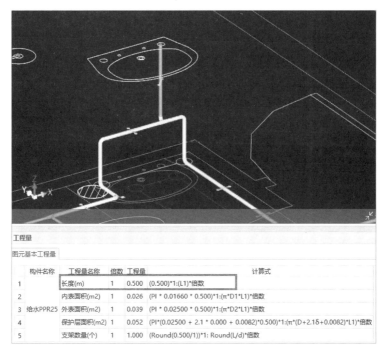

图 9-17 给水横管与卫生器具标高差值计算结果

方式 2：按规范计算。

当选择按规范计算时，可以设置计算值，如图 9-18 所示。

图 9-18　按规范计算设置值

计算设置值中的数值为距本层楼地面的高度，如洗脸盆距地 0.8m，水平横管距地高度 0.3m，此时按规范计算，支管高度应为 0.5–0.3=0.2m，结果如图 9-19 所示。

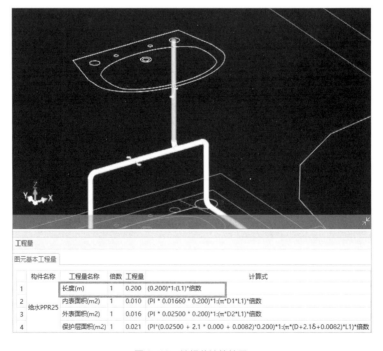

图 9-19　按规范计算结果

方式 3：输入固定计算值。

当选择输入固定计算值时，所有支管计算时均按照固定值。注意：如果给水横管的高度与卫生器具之间的高差小于固定值时，此时支管高度等于横管高度与固定值的差值。

9.2.2　超高工程量计算设置

软件对超高起始值及超高计算方法均进行了内置，如图 9-20 所示。

	超高计算方法		起始值以上部分计算超高
	给排水工程操作物超高起始值	mm	3600
	刷油防腐绝热工程操作物超高起始值	mm	6000

图 9-20　给水排水超高计算方法

给水排水专业默认的超高起始值为 3.6m，其超高计算原则同电气专业，此处不再赘述。

9.3　消防专业计算设置

本节重点讲解消防专业与消防管件生成相关的计算设置项。

9.3.1　机械三通、机械四通计算规则设置

关于机械三通、机械四通计算规则的设置，软件提供了 3 种方式，如图 9-21 所示。

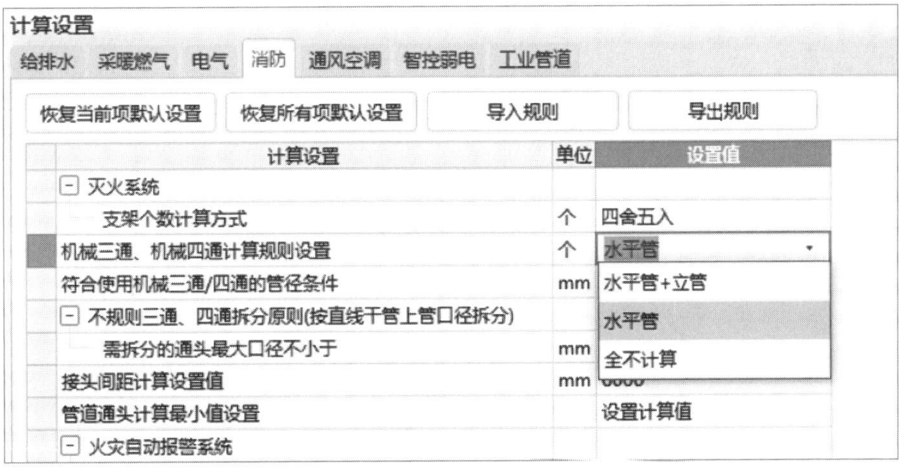

图 9-21　机械三通、机械四通计算规则设置

选择"水平管 + 立管"，则全部计算机械三通 / 四通工程量；选择"水平管"，则只有水平管计算机械三通 / 四通工程量，立管不计算；选择"全不计算"，则全部不计算机械三通 / 四通工程量。

9.3.2　符合使用机械三通 / 四通的管径条件设置

软件可以设置机械三通 / 四通的生成条件，通过"符合使用机械三通 / 四通的管径条件"这项计算设置即可完成，软件参考《自动喷水灭火系统施工及验收规范》GB 50261—2017进行内置，如图 9-22 所示。

图 9-22　机械三通 / 四通设置

工程中如果有特殊要求，可自行调整此项的设置数值。需要注意：支管管径要小于主管管径，并且主管管径明确后，支管管径小于或者等于默认值都会按设置数值，自动生成机械三通 / 四通。

9.3.3　接头间距计算设置

软件可以针对接头计算的间距进行设置，软件默认值为 6m，即管道长度每隔 6m 会生成一个接头，如图 9-23 所示。

计算设置		
给排水　采暖燃气　电气　**消防**　通风空调　智控弱电　工业管道		
恢复当前项默认设置　恢复所有项默认设置　导入规则　导出规则		
计算设置	单位	设置值
□ 灭火系统		
支架个数计算方式	个	四舍五入
机械三通、机械四通计算规则设置	个	水平管
符合使用机械三通/四通的管径条件	mm	设置管径值
□ 不规则三通、四通拆分原则(按直线干管上管口径拆分)		按大口径拆分
需拆分的通头最大口径不小于	mm	80
接头间距计算设置值	mm	6000
管道通头计算最小值设置		设置计算值

图 9-23　接头间距计算设置值

9.4　通风专业计算设置

本节主要讲解通风专业的重点计算设置项。

9.4.1　风管长度计算设置

关于风管长度的计算，软件提供给了两种方式，如图 9-24 所示。

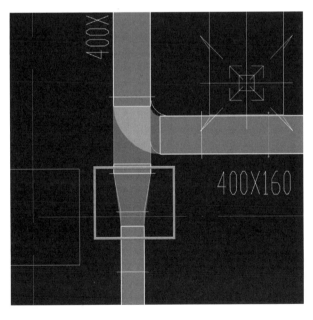

图 9-24　风管长度计算设置

以变径管的计算为例进行讲解，如图 9-25 所示。

图 9-25　变径管实例

当选择"风管长度一律以图示管的中心线长度为准"时，当前风管长度计算按图示管的中心线长度计算，如图 9-26 所示。

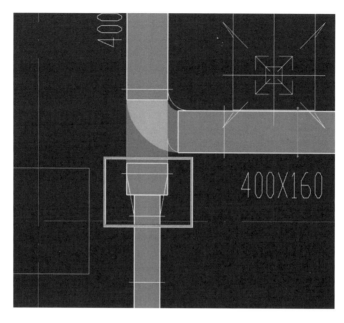

图 9-26　风管长度按中心线计算

　　当选择"变径管长度计算到大管径风管延长米内"时，风管长度计算时，变径管长度计算到大管径风管延长米内，如图 9-27 所示。

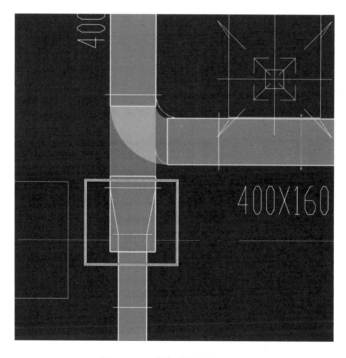

图 9-27　风管长度按大管径计算

9.4.2　风管是否扣减通风部件设置

软件计算设置中可以设置"风管是否扣减通风部件长度"，如图 9-28 所示。

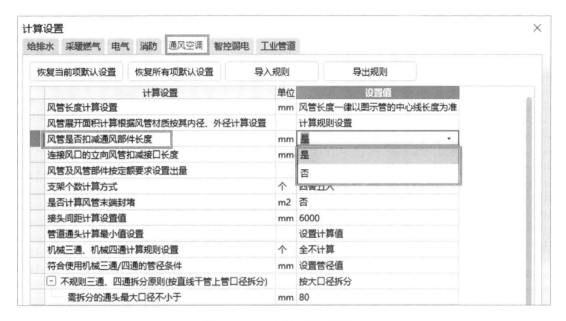

图 9-28　风管是否扣减通风部件长度

选择"是"，则扣除风管部件所占长度；选择"否"，则通风部件所占长度不扣除。需注意扣减宽度在风管部件属性中体现，如图 9-29 所示。

图 9-29　风管部件扣减宽度

9.4.3　末端封堵是否计算设置

软件可以调整"是否计算风管末端封堵"，如图 9-30 所示。

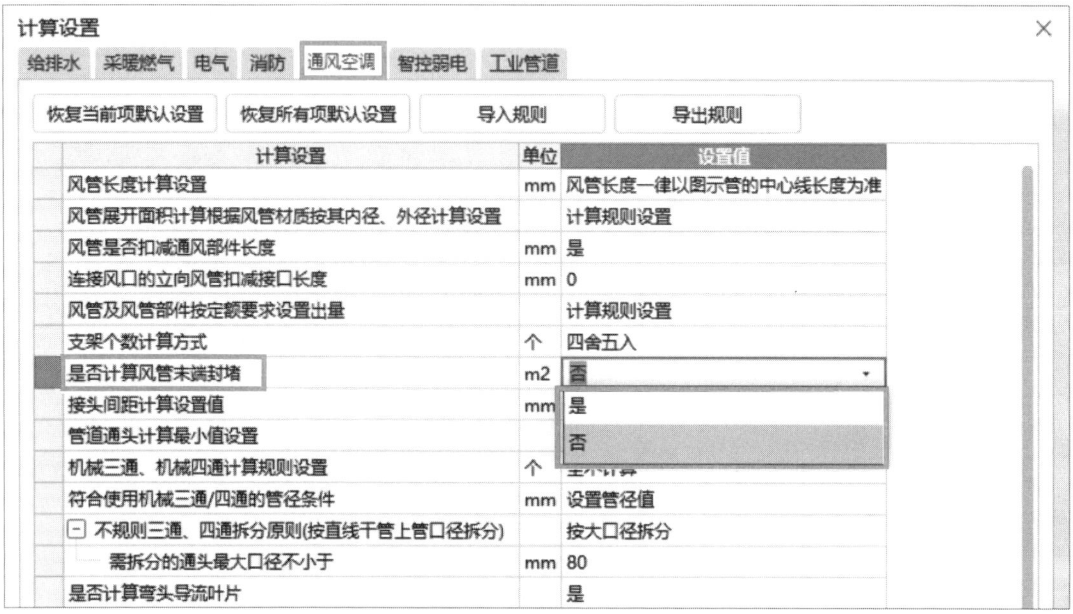

图 9-30 是否计算风管末端封堵

选择“是”，则计算风管末端封堵的量；选择“否”，则不计算风管末端封堵的量。如某段 800×200 的风管，不计算封堵时的工程量和计算封堵时的工程量分别如图 9-31、图 9-32 所示。

工程量

图元基本工程量 | 刷油、保温、保护层工程量

	构件名称	工程量名称	倍数	工程量	计算式
1	JXFG-1	长度(m)	1	6.839	(6.839)*1:(L1)*倍数
2		展开面积(m2)	1	13.678	(2.000*6.839)*1:(周长*L1)*倍数
3		保护层面积(m2)	1	13.678	(2.000*6.839)*1:(周长*L1)*倍数
4		支架数量(个)	1	2.000	(Σ Round((L + RJL)/d))*倍数

图 9-31 不计算封堵时的工程量

工程量

图元基本工程量 | 刷油、保温、保护层工程量

	构件名称	工程量名称	倍数	工程量	计算式
1	JXFG-1	长度(m)	1	6.839	(6.839)*1:(L1)*倍数
2		展开面积(m2)	1	13.998	(2.000*6.839)*1:(周长*L1)*倍数 + 0.16*1 :(堵头宽*堵头高)*倍数 + 0.16*1 :(堵头宽*堵头高)*倍数
3		保护层面积(m2)	1	14.015	(2.000*6.839)*1:(周长*L1)*倍数 + 0.17*1 :(堵头宽*堵头高)*倍数 + 0.17*1 :(堵头宽*堵头高)*倍数
4		支架数量(个)	1	2.000	(Σ Round((L + RJL)/d))*倍数

图 9-32 计算封堵时的工程量

9.4.4　导流叶片通头设置

生成通头后，一般情况下通头是粉色的，但是工程中也会出现黄色的通头，这些黄色通头就是带导流叶片的弯头，软件可以设置"是否计算弯头导流叶片"，如图 9-33 所示。

图 9-33　是否计算弯头导流叶片

带导流叶片的弯头生成规则：当矩形风管平面宽度大于或者等于 500mm，在其 90° 弯头转弯处自动生成带导流叶片的弯头，弯头两侧的风管尺寸和标高均要一致。矩形弯头导流叶片面积计算规则如图 9-34 所示。

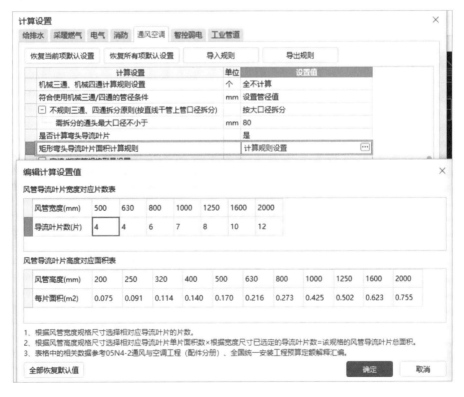

图 9-34　导流叶片面积计算规则设置

9.4.5 风管及风管部件按定额要求设置出量

为了方便后期定额子目的套取，可以在软件中设置"风管及风管部件按定额要求设置出量"，如图 9-35 所示。

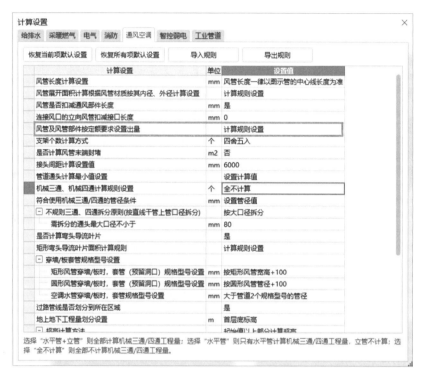

图 9-35　风管及风管部件是否按定额要求设置出量

软件会根据不同地区的定额特点，按不同的方式出量。如定额子目按周长划分，则软件匹配的规则同样为按周长划分，并且划分方式与当地定额保持一致，如图 9-36 所示。

图 9-36　定额出量设置

汇总计算后，可以在"工程量"页签下的"分类工程量"或者"查看报表"里面查看工程量，结果如图 9-37 所示。需要注意的是：工程中需要选择相应的定额库，软件才能匹配，否则此项设置中的定额要求会显示"无"。定额库可以在新建工程的时候选择（图9-38），也可以后期在"工程设置"页签下的"工程信息"里面补充选择（图9-39）。另外，还可以在计算设置中自行按照不同的出量维度进行修改、新增等操作，满足不同的出量要求。

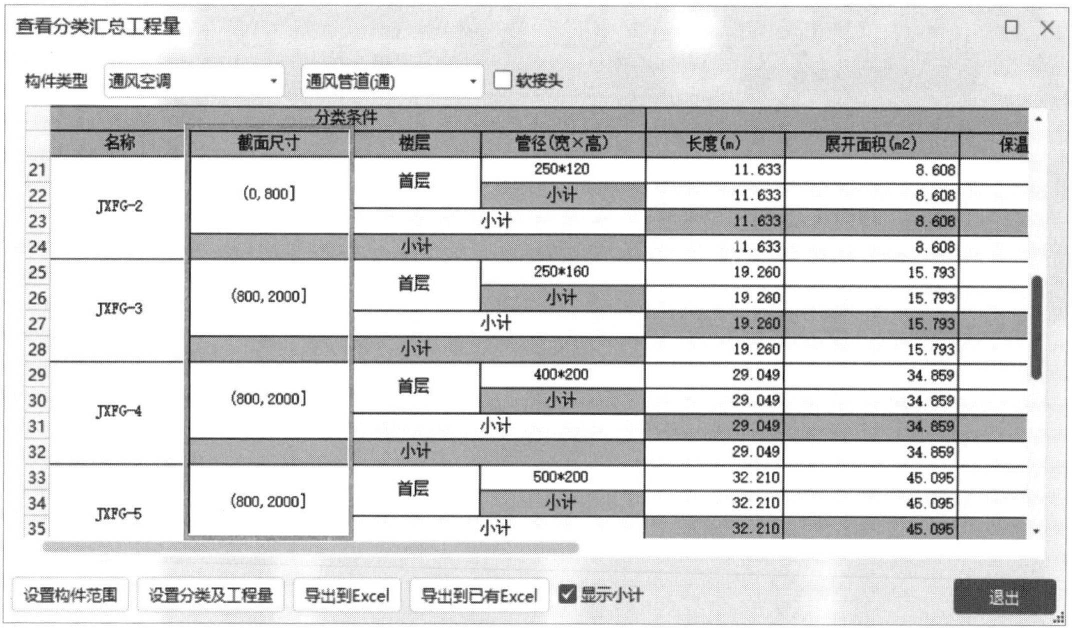

图 9-37　按定额出量结果

图 9-38　新建工程时选择定额库

图 9-39　工程信息中选择定额库

附　录

广联达安装计量软件常用快捷键

序号	安装计量快捷键	命令
1	F1	帮助
2	F2	构件列表及属性窗格显隐
3	F3	批量选择
4	F4	界面显示：恢复默认界面
5	F5	合法性检查
6	F6	显示指定图元
7	F7	界面显示：CAD图层
8	F8	视图：楼层显示
9	F9	工程量：汇总计算
10	F10	显示指定图层
11	F12	图元显示设置
12	Ctrl+F	查找图元
13	Delete	删除
14	Ctrl+N	新建
15	Ctrl+S	保存
16	Ctrl+O	打开
17	Ctrl+Z	撤销
18	Ctrl+Y	恢复
19	Ctrl+I	视图：放大
20	Ctrl+U	视图：缩小
21	Ctrl+Q	状态栏：动态输入
22	Ctrl+`	图纸管理
23	Ctrl+1	视图：动态观察
24	Ctrl+2	视图：二维/三维
25	Ctrl+5	视图：全屏
26	双击滚轮	视图：全屏
27	滚轮前后滚动	视图：放大或缩小
28	按下滚轮，同时移动鼠标	平移
29	空命令状态下空格键	重复上一次命令
30	SQ	选择：拾取构件

续表

序号	安装计量快捷键	命令
31	CF	楼层：从其他层复制
32	FC	楼层：复制到其他层
33	CO	通用编辑：复制
34	MV	通用编辑：移动
35	MI	通用编辑：镜像
36	BR	通用编辑：打断
37	RO	通用编辑：旋转
38	EX	通用编辑：延伸
39	JO	通用编辑：合并
40	TR	通用编辑：修剪
41	SX	属性
42	BG	表格算量
43	-	分类工程量
44	C	CAD 草图：图元显示／隐藏
45	PZ	BIM 模型：碰撞检查
46	Alt+1	识别：一键识别（电气）
47	Alt+2	识别：一键识别（弱电）
48	Alt+3	识别：桥架配线
49	Alt+4	识别：选择识别（通风）
50	Alt+5	识别：风盘风管识别（通风）
51	Alt+6	识别：系统编号（通风）
52	Alt+7	识别：设置起点
53	Alt+8	识别：选择起点
54	Alt+0	绘制：布置立管
55	Alt++	识别：风管通头识别
56	Alt+–	设置：构件库维护
57	1	识别：单回路
58	2	识别：多回路
59	3	识别：识别桥架
60	4	识别：选择识别
61	5	识别：自动识别（水）
62	6	识别：按喷头个数识别
63	7	识别：设备提量
64	9	识别：一键提量
65	0	绘制：直线

注：更多功能快捷键可在"工具→选项→快捷键定义"中进行定义调整。

后　记

写给披荆斩棘的造价人

如果让你形容一下"造价人"，你会想到什么？

可能大多数造价人会脱口而出：加不完的班，熬不完的夜，还有学不完的新知识……

确实，造价行业是一个需要"终身成长"的行业，作为行业中的一份子，从迈进这个行业的第一天开始，就不可避免地要学习各种知识。而作为新时代的造价人，除了要有过硬的专业能力、强大的项目管理能力、问题解决能力，还要有善于利用工具的能力，说是"十项全能"也不为过。造价这行，入门简单，精通很难！

但是，也只有经历这些，我们才能从"造价小白"，一路披荆斩棘，成长为别人眼中的"造价大神"。而在我们需要掌握的众多能力当中，"算量"是一项非常基础但又非常重要的工作。算出来，很简单，算得快、算得准、算得有理有据，其实挺难的。

现在整个行业基本已经实现了电算化，入门之初都要掌握"软件算量"这项技能。我们一直在想，怎样能让大家更轻松、更便捷、更全面地掌握软件算量的逻辑及技能呢？在不断的纠结中，我们产生了出版书籍的想法，我们希望这本书能够成为安装造价人员的算量应用指南，能够成为安装造价人员的备查手册，需要的时候翻开就能找到答案，所以本书中涉及了强电、消防水电、给水排水、通风空调（风系统、水系统）等多专业的操作流程及要点功能讲解，内容全面翔实，按照本书步骤可以达到完成工程算量的效果。除此之外，还为大家总结了应用小贴士，专门讲解实际工程处理过程中的各类易错易漏问题，保证内容落地、实用。总而言之，希望大家通过学习本书能够实现：

1. 掌握广联达安装计量软件的标准应用流程和基本功能。

2. 清晰软件算量原理，软件应用达到快、精、准。

3. 实现融会贯通的应用软件。

——武翠艳

时光荏苒，犹如白驹过隙，转眼间接触安装计量产品已有十几载，也算是一名资深的安装计量用户了。安装计量伴随我从"职场小白"一路走来，经历了无数个版本的迭代和变化，用户体验感随之提升。在这个过程中也结识了很多从事安装造价的老师们，也会彼此分享使用过程中的心得与经验。这些宝贵的经验与建议，也是安装计量不断迭代优化的原动力。

过去数年讲师的经验告诉我，工具类的软件学习，更需要一个详细、系统的教程，通过学习可以快速上手，对于卡住的问题可以反复查阅，这也是促成这本书的因素之一。

算量工作是造价人工作中不可或缺的一个环节，一款称手的工具可以大大提升算量效率。在信息爆炸的互联网时代，我们可获取知识的途径有很多，如各种网站、短视频、公众号等，但总有用户是想要系统且全面地去学习。书籍的优势能给予更细致、更系统化的知识覆盖与讲解。《工程造价人员必备工具书系列》也是基于此而诞生的。安装篇的内容由浅到深，从认识系列、玩转系列到高手系列几个阶段，带着读者一步步提升软件使用技能，帮助学习安装计量的朋友快速上手，最终成为业务高手。

——胡荣洁

作为一名纯理科生，很难写出瑰丽的文字，就从以下三个方面表达一下真情实感吧：

1. 我们的初衷

现在这个互联网鼎盛的时代，学员能够获取知识的途径有很多，既可以通过视频学习，也可以通过搜索引擎进行搜索，我们为什么还要写书呢？首先，碎片化的知识很难形成系统化的知识，让我们真正掌握其精髓，但书籍可以做到；其次，纸质书籍可以做到随手翻阅、快速查找定位。

广联达课程委员会创始人梁丽萍老师的原话是希望这套丛书就像用户的朋友，陪伴用户成长，需要的时候就能看到它，我们时刻都在，这也是我们的初衷。

2. 书籍的精髓

从 2018 年广联达课程委员会成立至今，我们举办了上百场的培训，制作了几十个精品课程内容，这些课程内容均围绕着广联达培训课程体系。为什么不能用一堂课就把这些内容讲完呢？实际上我们所处的阶段不同，需求是不同的。例如，没有接触产品的时候，只想认识一下软件，了解产品核心价值；但购买软件后，就想使用软件，掌握产品应用流程；会用软件后，就想把产品应用得快、精、准，进而融会贯通。这就是广联达课程委员会最初设立且经验证成功的课程体系，是本系列书籍的精髓。本书亦是从入门到精通，分为认识系列、玩转系列、高手系列三个篇章。

3. 作者的期望

最后希望我们这套丛书籍能够真正陪伴用户朋友们的成长，需要它的时候，我们时刻都在，不忘初心，砥砺前行。

——石莹

软件行业的极速发展让算量和计价工作越来越简单高效，但是在享受科技红利的同时，也要警惕不要成为代替性极强的"工具人"。要学会掌控工具，而不只是掌握工具。

人之于软件，最大的优势是思考力。软件存在的意义不只是代替原有的工作，还要应用软件解决工作难题，这也是我们编写本书的原因之一。本书基于造价业务，深剖软件原理，梳理出一套完整的知识体系，为造价业务各阶段业务需求提供最便捷、最详尽的解决方案。希望本书能够帮助广大造价人员厘清业务流程，灵活掌握软件功能，提升综合业务能力和业务实战能力。

——张丹

　　加入广联达已经十余年，一直从事培训相关的工作。机缘巧合之下，加入了广联达课程委员会，结识了一群志同道合的朋友，在梁老师的带领下，我们从最开始的编课、录课、讲课，到课程体系的搭建，再到书籍的出版，每一次迭代和突破，都是知识的沉淀和升华。

　　书籍的出版，对于我们而言意义非凡。书籍是对知识更系统的梳理，需要每一个知识点、每一行文字描述、每一张图片，甚至每一个标点符号都通过精雕细琢才能与大家见面。自《广联达算量应用宝典——土建篇》《广联达土建算量精通宝典——案例篇》和《广联达算量应用宝典——安装篇》出版以来，深受广大造价朋友的好评，这也成为我们不断前进的动力。未来，我们也将继续完善工程造价系列丛书中的不同专业、不同层级，希望本套丛书能够帮助更多的造价从业工作者提升专业技能，成为大家随手翻阅的备查手册，在日新月异的行业变化中提升职业竞争力！

——徐方姿